青岛市设施畜牧业典型案例

祝贵华　戴正浩　刘开东　主编

中国农业科学技术出版社

图书在版编目（CIP）数据

青岛市设施畜牧业典型案例 / 祝贵华，戴正浩，刘开东主编 . -- 北京：中国农业科学技术出版社，2024. 7. --ISBN 978-7-5116-6878-3

Ⅰ. S815

中国国家版本馆 CIP 数据核字第 2024WZ7142 号

责任编辑 金 迪
责任校对 李向荣
责任印制 姜义伟 王思文

出 版 者 中国农业科学技术出版社
北京市中关村南大街 12 号 邮编：100081
电 话 （010）82106625（编辑室）（010）82106624（发行部）
（010）82109709（读者服务部）
网 址 https://castp.caas.cn
经 销 者 各地新华书店
印 刷 者 北京建宏印刷有限公司
开 本 185 mm × 260 mm 1/16
印 张 7.5
字 数 149 千字
版 次 2024 年 7 月第 1 版 2024 年 7 月第 1 次印刷
定 价 78.00 元

《青岛市设施畜牧业典型案例》

编写人员

主　编： 祝贵华　戴正浩　刘开东

副主编： 李培培　杨培培　张　倩

参　编： 李　艳　刘文新　魏甜甜　郭建华　于彦辉　孙高贵　刘宗正　程　明　郝小静　王莎莎　刘虎传　刘雅文　徐航海　娄兰强

序言

习近平总书记在中国共产党第二十次全国代表大会上的报告中指出，“树立大食物观，发展设施农业，构建多元化食物供给体系。”近年来，青岛市深入贯彻落实习近平总书记重要指示精神，坚持“集约、绿色、优质、富民”的导向，秉持全产业链提升和要素集聚融合发展的理念，把发展现代设施畜牧业作为保障重要农产品供应的主抓手、提高土地利用效率的主渠道、产业转型升级的主方向，扎实做好产业发展的政策保障、项目引导、创新研发和示范推广等工作，推动形成了集装备制造、数智养殖、高效加工等于一体的产业链条，现代设施畜牧业在全国有影响、全省有地位。

该书通过详细的文字说明、直观的图片展示、翔实的成效分析，为大家呈现了一个个鲜活的现代设施畜牧业典型案例。这些案例是全市畜牧领域争先进、创典型、树标杆的重要成果，具有较强的可复制性、可推广性，必将为从业者提供参考，推动我市现代设施畜牧业更好更快发展。

今年，恰逢新中国成立75周年之际，青岛市农业农村局和青岛市畜牧工作站组织汇编了《青岛市设施畜牧业典型案例》一书，既是致敬中国畜牧业的发展成就，也是向伟大祖国华诞献礼。在此，特向付出辛勤劳动的全体编者表示诚挚的慰问！也衷心希望该书能受到广大读者的喜爱！我郑重向大家推荐，并以此为序。

青岛市农业农村局党组书记、局长

2024年7月

前言

青岛市深入贯彻落实习近平总书记“向设施农业要食物”的重要指示精神，秉承“集约、绿色、优质、富民”的导向，把发展设施畜牧业作为乡村振兴齐鲁样板的主抓手、肉蛋奶稳产保供的主阵地、提高土地利用效率的主渠道、产业转型升级的主方向，走出了一条智能管控、绿色低碳、资源节约、产出高效的现代设施畜牧业发展新路子。

“十四五”以来，青岛市肉蛋奶产量稳定在100万t以上，畜禽养殖环节总产值180亿元左右，约占农林牧渔总产值的20%。88%的畜产品来自设施畜牧业，现代化设施装备在主要畜种养殖环节的应用率达90%以上。培育国家级畜牧龙头企业5家、省级龙头企业14家，新一代“青岛金花”企业7家。培育了市级以上畜禽养殖标准化示范场191家，其中，国家级标准化示范场9家。培育青岛市级智慧畜牧业应用基地38个，其中，智能牧场13个，建成科普基地4个。

2023年6月，全国设施农业建设推进会在青岛召开。会上发布了《全国现代设施农业建设规划（2023—2030年）》，指出建设以高效集约为主的现代设施畜牧业。青岛市农业农村局坚决贯彻落实发展现代设施畜牧业的战略部署，组织青岛市畜牧工作站、各区市畜牧兽医主管部门、相关企业等，调研、分析、梳理设施畜牧业的典型应用场景，汇编成《青岛市设施畜牧业典型案例》一书，目的是总结当前生产中应用较广、运转良好的设施畜牧业典型，为从业者提供参考。该书主要内容包括设施装备、畜禽饲养、屠宰分割、粪污处理4个方面，总结归纳了15家企业的基本情况、主要做法和成效、示范作用和适用范围，介绍的案例具有先进、适用的特点，图文并茂，内容深入浅出，便于理解和掌握。

由于水平有限，书中难免有疏漏之处，请读者、同行批评指正！

编　者

2024年4月

目录

第一部分　设施装备

第二部分　畜禽饲养

第一部分

设施装备

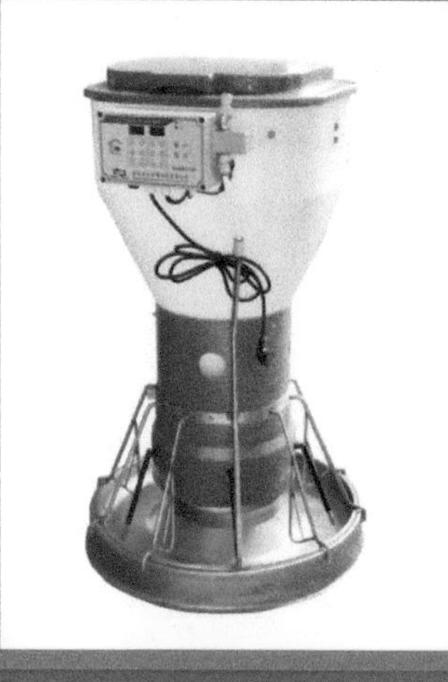

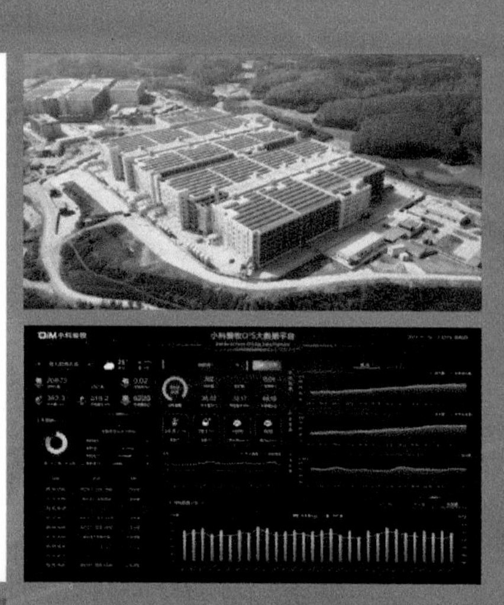

畜禽养殖数字化服务平台
典型案例

（青岛科创信达科技有限公司）

基本情况

青岛科创信达科技有限公司（以下简称“科创信达”）成立于2014年，科创信达Meta总部位于青岛市城阳区创新协同产业园，智能硬件工厂位于城阳区未来科技产业园，是一家以智能环控、智能硬件、物联网（IoT）平台为核心的全球化高科技企业，主营产品包括智能环境控制器、智能料线、报警系统、传感器、精准饲喂系统、水线系统、AI超脑等，国内服务客户包括中红三融、东方希望、新希望、海大集团、山西大象、广西力源、泰森集团、亚太中慧集团等，产品远销泰国、俄罗斯、马来西亚、印度尼西亚以及阿联酋、阿曼等地区。

公司汇集信息化、畜牧业行业硕博人才，具有先进的管理经验和专业的研发团队，目前共获得100多项行业专利授权，参与发布20余项行业团体标准。经过近10年的奋斗，科创信达逐步形成自己的品牌影响力，实现国产替代，获得行业内一致好评。公司于2021年完成A轮融资，现估值4.3亿元人民币。

公司被认定为山东省“瞪羚”企业，山东省“专精特新”企业，国家级高新技术企业，通过ISO9001/ISO45001体系认证，自主研发的“小科爱牧O2S数字化平台”获得第十届中国创新创业大赛三等奖，市长杯优胜奖，2022年齐鲁农业科技奖一等奖，入选山东省数字经济重大项目，入选省级大数据“两重三优”项目。

主要做法

设施设备

1/母猪精准饲喂系统（NF01）

◆ 特点

解决以往哺乳母猪需要人工喂料、饲料浪费严重、母猪生产性能低下等问题，突破槽内料位检测、下料精度、母猪饲喂工艺复杂，剩料清理难等痛点问题，研发成功全自动哺乳母猪精准饲喂器NF01，为生猪养殖市场提供更有效益的技术支持。整机自动化、信息化、智能化程度高，全程哺乳母猪饲喂无须人工操作。

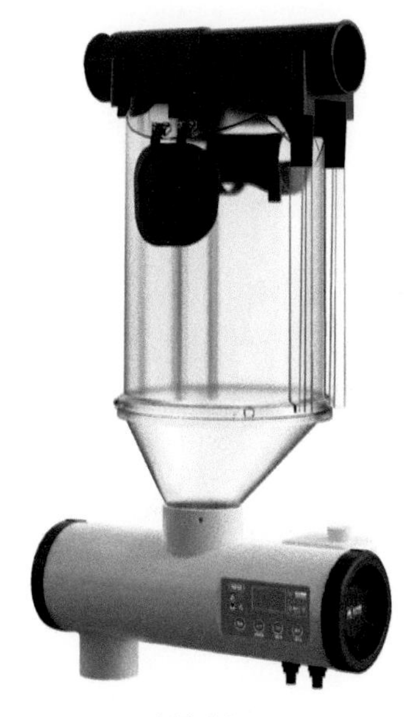

母猪精准饲喂器

◆ 性能及用途

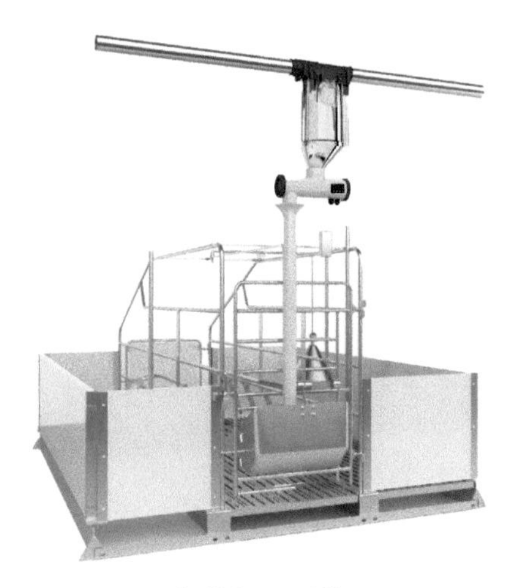

智能饲喂系统

（1）主要用于大型生猪养殖场妊娠期母猪的饲喂管理。

（2）突破传统养殖工艺和生产系统管理，将完整的哺乳母猪养殖工艺植入系统，操作简单，可实现远程控制自动使用。

（3）全程使用第三代 NF01 设备，减少饲料浪费 10%，可节省人工超 40%，哺乳母猪全程使用，仔猪出栏均重可提高 0.5kg，后期母猪断奶发情率提升 10%。

2 /小科爱牧数字化平台（Only One System）

◆ 特点

Only One System 数字化平台基于客户的企业商业模式设计与未来战略发展规划，将数字技术贯穿“端到端”的企业经营与管理、养殖生产与管理，将智能装备的采集数据沉淀为企业大数据，充分发挥“数据底座＋云平台”的商业价值。通过数字中台赋能企业实际运营管理，横向打通业务流、纵向贯通战略到执行。搭建“1+N+N”的平台架构体系，实现“上游一盘货、中游一盘账、下游一盘棋”的数字大平台布局。

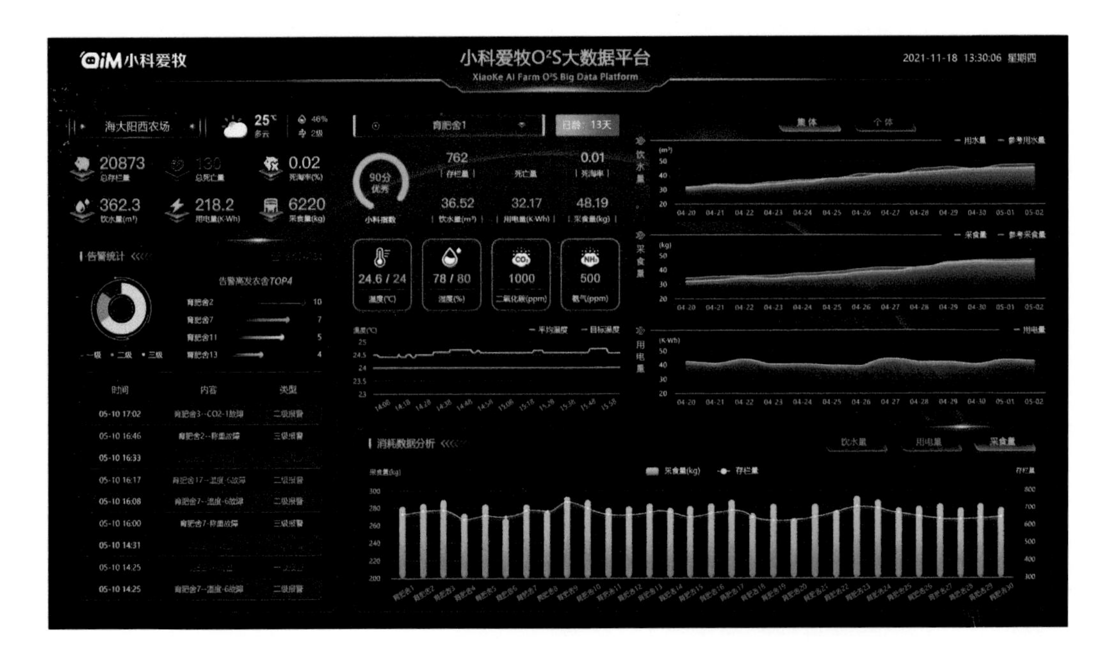

◆ 性能及用途

（1）三套系统供客户选择。适合家庭农场的养殖企业的基础物联网版本，适合中大型规模化企业的标准化养殖管理系统，适合集团型企业 / 全产业链型企业的数字中台系统，不同阶段不同规模灵活选择。

（2）基础采集。底层 IoT 平台可以准确无误地传输养殖数据，为数据分析提供依据。

（3）数据融合。打通客户养殖管理数据和 ERP 系统，为企业管理决策提供数据支持。

主要成效

（1）提高效率。从生产成绩看，相比传统的人管人的模式，数字化平台采用“人管设备，设备管人”的理念，较之前提高 10% 的生产效率；从人力成本来看，原来是 1 个人最多管理 2～3 栋舍，现在 1 个人可以管理 6～8 栋舍，大大节约了人工；从安全生产来看，数字化平台对于现场 50% 以上的风险可控可管理，有效降低了生产事故发生率。

（2）节约资源。通过数字化平台链接的现场设备，可以根据实际生产需求调节参数，控制启停时间，监控水、电、料使用情况，系统设置合理的预警范围，可以有效减少损耗和浪费。

（3）绿色低碳。传统方式依靠管理员来统计录入，采用纸质报表；通过此平台，现场无纸化程度提高 90%，节约饲料和能源 10% 以上。

（4）经济效益。通过提高生产成绩，减少生产事故，对数据全程可追溯，有效提高养殖经济效益，提高收益率，为品牌赋能。

示范作用

积极响应国家乡村振兴战略，发挥技术优势，深入养殖一线，一对一服务养殖人员，每年现场指导生产 300 余次，让养殖户真正用得明白。

每年开展至少 10 场会议，先后在济南、临沂、聊城、德州等地组织“智慧畜牧，助力乡村振兴论坛”，参与人次不低于 200 人。在青岛连续举办两届“智慧养殖高峰论坛”，每届线下 500 余人参加，线上 10 万人次传播，在农牧企业中已具备相当的品牌价值。

积极践行通过科技赋能养殖业，为农业插上科技的翅膀。

适用区域和规模

精准饲喂系统适用于全国母猪场及育肥猪场。

小科爱牧数字化平台适应于大中小型畜牧企业。

应用场景

示范场：万科集团环山华育示范场1个，母猪3 000头；石羊集团某示范场1个，母猪存栏2 600头。以上示范场应用精准饲喂后，实现喂养全自动，减少了人工干预，母猪哺乳期采食量明显增加，仔猪断奶重量提高，经济效益增加；同时母猪掉膘减少，母猪断奶发情率提高；仔猪成活率提高。

山东爱佳集团某示范场，涉及集团下山东、江苏、湖北三大养殖孵化基地，小科爱牧数字化平台为其提供数据采集、控制、批次管理、数据分析、OA系统等养殖全过程解决方案，使其管理升级，设置爱佳生物安全5区域，提供最佳生长产蛋条件环境、三级安全报警系统，提高规模化蛋鸡养殖效率，降低生产成本。

生猪智能化养殖设备研发生产典型案例

（大牧人机械（胶州）有限公司）

基本情况

大牧人机械（胶州）有限公司（以下简称“大牧人”）成立于2017年，注册资本2.0亿元，占地面积10万 m^2，位于山东省青岛市胶州市经济技术开发区尚德大道与黄河路交汇处，系青岛大牧人机械股份有限公司的全资子公司。公司主要产品为猪用全套自动化养殖设备，销售范围覆盖全国各地，并且出口亚洲、非洲、欧洲、美洲等地区，经营规模和产品种类位居国内同行业前列。

通过多年技术攻关，公司掌握了包括环境控制技术、畜禽废气处理技术、仔猪智能加热技术、楼房智能养猪模式等在内的核心技术。公司除了自主研发新技术、新产品外，项目实施团队与研发团队的有效联动、持续性的技术创新研发投入和专业人才和核心技术的积累，为公司的发展提供了源源不断的动力，使得公司具有较强的核心竞争力。

公司通过国家级高新技术企业、青岛市“专精特新”企业的认定，设立青岛市智能立体养猪装备专家工作站，被评为青岛市第八批农业产业化重点龙头企业，荣获AAA级企业信用等级证书，通过了知识产权管理体系认证及质量管理、环境管理、职业健康安全管理体系认证，并列入胶州市倍增计划企业培育库，成为胶州市重点支持发展的企业。

主要做法

设施设备

1/废气处理系统

◆ 特点

（1）过滤器的孔隙率高，不易堵塞，系统压降低，平均压降20 Pa。

（2）模块化设计方案，应用灵活，安装方便。

（3）良好的节能技术，运行费用低。

（4）填料采用优质PP塑料制成，经久耐用，抗紫外线。

（5）关键零件采用304不锈钢材质，耐腐蚀性能强。

大牧人废气处理系统应用现场

性能及用途

（1）对废气进行预喷淋处理，除去废气中的颗粒，并将废气中的氨气、硫化氢等成分进行有效处理。

（2）结合畜禽舍风机、负压、温度等参数进行智能控制，可减少畜禽舍氨气排放量 75% 左右，减少臭气排放量 50%～75%。

武汉青村生态农业有限公司 2.1 万头母猪场投资 2 亿多元人民币，公司占地面积近 320 亩[①]，引进 2 条祖代生产线和 8 条父母代生产线。大牧人为此猪场设计滴流床式废气处理系统，该系统的气液流动方向是逆流方式，气液接触时间长，配以特制低负压、高比表面积滤料，对猪舍排出的臭气进行充分过滤处理。经测试过滤后有害气体含量显著降低，符合《恶臭污染物排放标准》的要求，成功打造绿色环保猪场。

2 / 仔猪智能加热器

特点

（1）自动温度曲线设置，实现数据联网，统一集中管理。

（2）有效辐射面积接近传统保温灯 3 倍，温度更均匀，提高仔猪舒适度。

（3）超长使用寿命，是传统保温灯的 4 倍以上。

（4）电能消耗最高节省 40%，大幅降低生产养殖投入费用。

（5）有效降低仔猪被压死风险，断奶仔猪成活率提高 2%。

（6）高低和前后调节装置，满足不同阶段仔猪的生产需求。

性能及用途

（1）适用于哺乳仔猪及断奶保育猪，根据仔猪日龄和小环境温度实时进行智能加热控制，温度更均匀、更节能，可降低仔猪死亡率。

（2）降低仔猪被压死风险，断奶仔猪成活率提高 2% 左右。

（3）提高仔猪舒适度；智能温度控制，耗电量最高可降低 40%；使用寿命 30 000 h 以上，是传统保温灯的 5 倍以上。

福建省泰宁永信农牧生猪养殖项目依托福建省三明市泰宁县大田乡小北斗采育场，依山而建，利用天然的隔离屏障，并融入“等级分区管理”和“四区五流”的

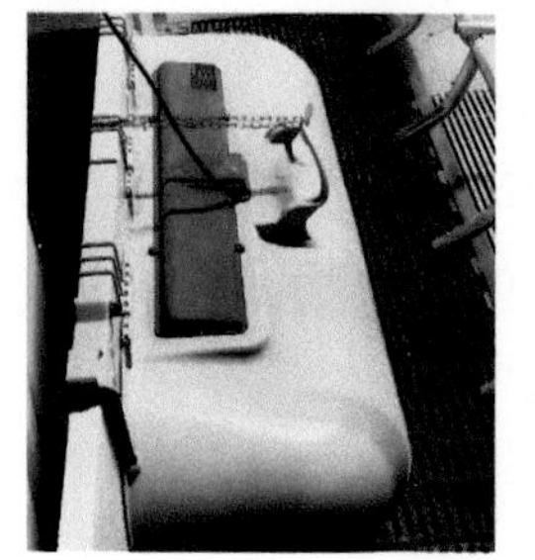

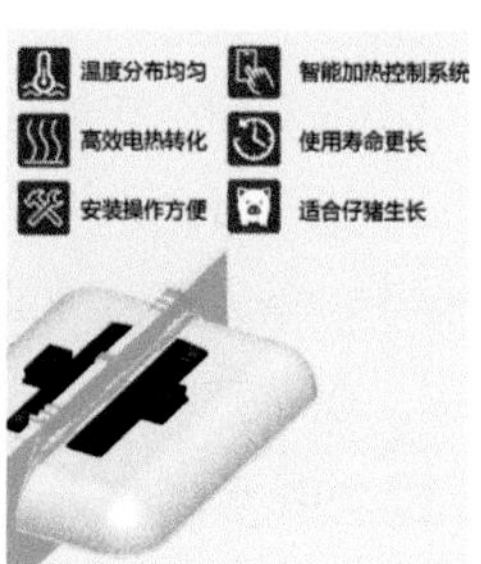

仔猪智能加热器

① 1 亩约 667 m²，全书同。

规划设计理念，层层洗消、全面管控，打造高等级生物安全的种猪繁育场，是大牧人为其打造的省级畜禽养殖标准化示范场，每年可培育优质种猪约 2.4 万头。

3 /楼房智能养猪模式

◆ 特点

（1）节约土地。占地面积小，明显缓解目前人多地少、人畜争地的矛盾，至少节约 2/3 的土地。

（2）有利于生物安全防控。立体养殖模式能够实现分层独立饲养，每层楼房为一个独立的集约化养殖猪场，每层间具有独立性与封闭性，可避免人员、物资、猪只在高楼内各层间的交叉流动，每层猪舍形成独立封闭的生物防控系统，有效阻断层与层之间疾病传播，同时也可避免因老鼠、蚊蝇、鸟类等进入带来的疾病传播风险，降低疫病感染风险。

（3）使用年限更久。平层猪舍一般折旧年限为 10～15 年，而楼房养猪可以折旧到 15～20 年。

（4）管理方便、养殖效率高。规模化楼房养猪模式及与此模式相适用的气流组织模式、设备设施配置方案等，大幅度提高单位面积的生猪产量，整体提高规模猪场自动化、信息化水平。

◆ 性能及用途

楼房模式猪舍是解决猪肉需求量大与养殖用地紧缺矛盾的合理方案，将“平面化”的猪舍布局变为“立体式”的楼房结构，用多层建筑来进行工业化养殖。

（1）楼房式结构设计，能够充分挖掘土地潜力，利用高层空间提高土地利用率，提高单位面积的生猪产量。

（2）合理的生产工艺设计，保障猪场的生物安全，提升防疫能力。

（3）根据不同地区的气候特点配合相应通风模式的设计及环控设备，为猪只提供舒适的生长环境。

（4）配套智能化饲喂设备，做到精准饲喂，高效养殖。

（5）增设空气的首末端处理系统，有效降低疾病传播风险，减少猪场废气污染。

主要成效

1. 提高效率

目前，楼房养猪在国内已逐步应用，相较于平层猪舍一般折旧年限为 10～15 年，楼房养猪可以折旧年限到15～20年，极大提高了资源利用率。仔猪智能加热器的使用有效降低仔猪被压死的风险，断奶仔猪成活率提高2%。

2. 节约资源

应用全自动饲喂系统，饲料可自动供应至各个猪舍，降低工人劳动强度。自主研发的仔猪保温灯，有效辐射面积接近传统保温灯3倍，温度更均匀，可提高仔猪舒适度，电能消耗最高节省40%，大幅降低养殖投入费用。同时，公司研究的楼房智能养猪模式实现了至少节约养殖用地2/3的目标。

3. 绿色低碳

畜禽废气处理系统能够对废气进行预喷淋处理，除去废气中的颗粒，并将废气中的氨气、硫化氢等成分进行有效处理；结合畜禽舍风机、负压、温度等参数进行智能控制。可减少畜禽舍氨气排放量75%左右，减少臭气排放量50%～75%。

示范作用

通过有效发挥大牧人作为国家高新技术企业、青岛市农业产业化龙头企业、青岛市专精特新企业、青岛市专家工作站等在行业发展中的引领和带动作用，以研发中心为纽带平台，通过产品创新、模式创新突破养殖周期及疫病频发给养殖行业带来的影响，降低养殖风险；从效率、成本、生物安全、环保节能角度，探索少人化、无人化、高效安全的养殖模式与智能养殖装备，推动养殖行业高质量发展。通过整合国内外与畜禽养殖相关的优质资源，构建智慧养殖技术和产业创新生态，在带动畜牧机械产业发展的同时，也能进一步促进关联产业的发展。

适用区域和规模

国内外规模化生猪养殖场均适用。

生猪福利养殖装备研发生产
典型案例

（青岛派如环境科技有限公司）

基本情况

青岛派如环境科技有限公司坐落于青岛市即墨区汽车产业新城，公司创立于1996年，占地30亩，厂房面积2万余 m^2，年产值达6 000余万元。公司专业提供现代化低碳设施智慧猪场规划设计、智能化福利养猪设备研发生产销售、高品质猪肉生产系统解决方案和养猪场粪水资源化处理工艺与设备，共获得“节能猪舍”“智能饲喂器”“畜禽粪便发酵罐”等30多项国家专利。派如低碳设施智慧猪场模式，已被正大、温氏、牧原、万福等国内十几家大型养猪集团企业和上百家中小规模养猪场户广泛采用，深受客户好评。

公司现为中国农业工程学会畜牧工程分会常务理事单位、中国农业大学水利与土木工程学院工程实践教育基地、中国畜牧业协会智能畜牧分会理事单位。公司于2012年、2015年连续两次被青岛市人民政府认定为“高新技术企业”；2013年成为青岛市“专精特新”技术企业；2015年荣获中国生猪业产品榜最具影响力猪场环保设备；2016—2022年三次荣获畜牧行业十大科技智能畜牧设备品牌和第四届“中国畜牧行业先进企业”；2020年荣获第五届猪产业链“设备标杆企业”；2021年公司研发的环保猪舍荣获第十九届中国畜牧业博览会创新产品金奖；2022年公司设计的福利产床荣获山东省畜牧兽医局生猪健康养殖技术创新方案优秀奖；2022年一体化超低能耗节能猪舍关键技术及应用荣获山东农业机械学会泰山农业机械科学技术奖三等奖，移动方舱猪舍技术被农业农村部推介为全国智慧农业建设优秀案例；2023年荣获中国畜牧业协会伏羲杯科学技术进步奖、齐鲁农业科技奖技术创新奖一等奖。

主要做法

设施设备

1/移动式节能环保猪舍

◆ 特点

可安装于田间地头，可一层或多层叠放，节约耕地、不破坏土壤结构，冬天取暖零能耗，降低生产成本，源头上解决了取暖能耗对环境的污染。实现“24 h连续通风保持舍内恒温”的环境控制，提高了猪群健康和猪肉品质，确保食品安全，实现种养结合，既解决了猪场粪水污染问题，又为农业种植提供了有机肥料。

◆ 性能及用途

（1）主要用于大型生猪养殖场妊娠期母猪的饲喂管理。

（2）突破传统养殖工艺和生产系统管理，将完整的哺乳母猪养殖工艺植入系统，操作简单，可实现远程控制，自动使用。

（3）全程使用第三代 NF01 设备，可节省人工超 40%，哺乳母猪全程使用，仔猪出栏均重可提高 0.5 kg，后期母猪断奶发情率提升 10%。

移动式猪舍 1

移动式猪舍 2

移动式猪舍 3

移动式猪舍 4

移动式配怀舍

移动式试验舍

移动式保育舍

移动式分娩舍

移动式育肥舍

2 / 智能环境控制系统

◆ 特点

在全封闭保温猪舍，匹配“垂直＋水平”精细化通风模式，利用派如调速风机可根据舍内温度变化进行无级变速调节通风量的特性，智能环境控制器设置猪群舒适温度和温度偏差值，传感器精准采集舍内环境温度上传至CPU，CPU根据舍内温度数据、设置偏差和舍内温差进行运算，并输出相应扭力功率，控制调速风机进行自动无级变速调节通风量，实现了“24 h连续通风保持舍内恒温”目的。

环境控制器

◆ 性能及用途

派如智能环境控制器是猪场环境设备的控制枢纽，匹配温度、湿度、氨气和二氧化碳传感器，可精准采集猪舍内各项空气质量指标数据，经控制器CPU演算后，输出相应扭力功率，自动控制调速风机转速，调节风机风量，保持舍内恒温。

通过手机下载派如App，可通过物联网操控猪场所有智能化养猪设备，包括环境控制器、智能照明控制器、智能水料控制器、智能料线控制器、智能饲料和售猪称重设备、现场视频及智能水电表等猪场智能设备，实现所有智能设备的运行数据实时上传至云端，可视、可查、可追溯。

调速风机

3 / 智能水料饲喂器

◆ 特点

下料口干湿分离，不易堵塞和霉变。方形料桶，避免料桶挂壁。大直径圆形料盘设计，节省饲料，单台饲喂头数多，性价比高。结构简单，结实耐用，故障率低，智能化水平高。

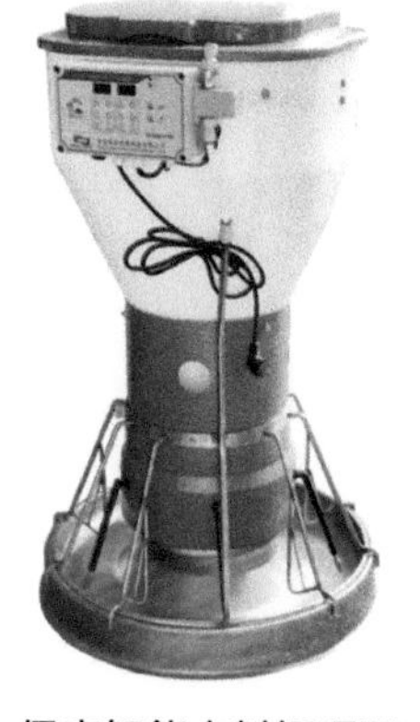

保育智能水料饲喂器

育肥智能水料饲喂器

性能及用途

（1）采用微电脑自动控制下料量和下水量，可根据猪群日龄设置合理水料比例，实现自动水料比例混合，每台保育和育肥智能水料饲喂器分别可饲喂100头和80头猪。

（2）采用饲喂器底部中心下料、四周下水结构设计，解决了同类产品料槽中饲料受潮堵料和饲料霉变问题。

（3）采用微电脑设置自动开关机时间。开机时，通过传感器信号检测，自动下水下料，猪只自由采食。关机时，喂食器自动停止下料下水，猪群会把料槽舔食干净，实现猪群自己清洁料槽，解决湿料霉变问题。

（4）可实现物联网远程功能操控和水料消耗数据统计，实现猪场智能饲喂和数字化管理。

4 /福利产床

特点

母猪产床限位栏长度和宽度可调，母猪活动空间大，并设置防压杆，避免仔猪被压死。产床地板均采用全塑料强化地板，腹感温度舒适，减少腹泻发生。母猪和仔猪趴窝区，均采用实心塑料地板，解决伤蹄伤乳头问题。产床仔猪饮水器采用隐藏式水嘴设计，避免仔猪饮水时溅出受凉腹泻。产床匹配普拉松奶料槽，既可补奶又可补料。

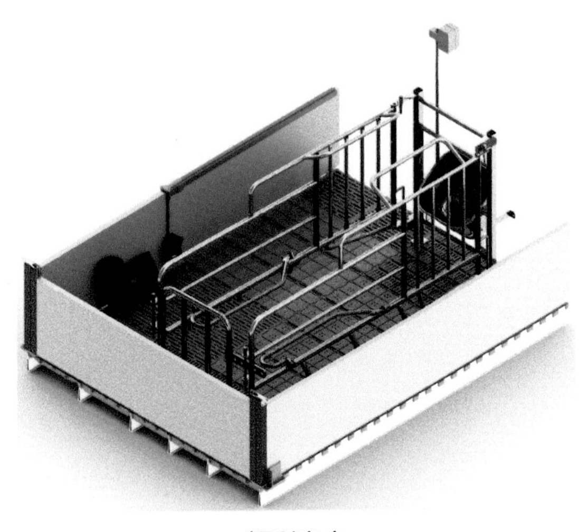

福利产床

性能及用途

（1）前、后栏门可根据母猪胎次体型变化，多挡调节栏位空间大小，提高母猪舒适度。后栏门中部镂空设计，方便母猪自然分娩，提高仔猪成活率。

（2）为了避免产床母猪趴下时压死仔猪，派如产床设有仔猪防压杆，且防压杆活动范围内，能够产生噪声的触点和联结，都做了静音处理，大大降低了产房噪声，避免噪声对分娩母猪的应激。

主要成效

1. 提高效率

采用全密闭小单元猪舍建筑模式，批次化生产工艺，匹配智能水料饲喂、智能环境控制、产房自然分娩、自动清粪、负压排粪设施设备，与传统猪场相比，节省人工80%，大大提高生产效率。

2. 节约资源

猪舍墙面和屋面建筑，采用B1级防火高密度EPS泡沫板保温隔热，猪舍自具冬暖夏凉功能，冬天利用猪群余热将进入舍内的冷空气加热，实现“猪舍冬天不用取暖”，既节省取暖设备投资、耗能运行、维护和折旧成本，又避免取暖产生的污染问题，节能又环保。

猪舍环境控制，采用“24 h连续通风来保持舍内恒温”技术，避免因空气质量问题引起的呼吸道和温差应激等疾病的发生，死淘率低于2%，药物治疗成本（不包括疫苗）减少70%以上，降低料肉比0.2～0.4。

3. 绿色低碳

猪舍采用“冬天不用取暖”技术，可节省冬天取暖费用80%，减少碳排放70%，实现节能环保，绿色养猪。

4. 经济效益

以1 000头母猪规模自繁自养猪场为例，采用集约化规划设计，传统猪舍需要建筑约20 000 m^2，派如模式猪舍需要建筑15 000 m^2，可节省建筑面积5 000 m^2。利用动物余热取暖，每年节省160 t煤炭，节约资金32万元。采用批次化生产，传统模式需人工20人，节能猪舍需人工6人，每年节省人工费用60多万元。节能猪舍采用全漏缝地板，无须人工清粪和冲栏，粪水自动全量收集，节能猪舍平均每头猪的粪污量为20～25 L/d；传统猪场需要人工清粪和冲栏，平均每头猪产生的粪污量为35～40 L/d，可降低粪污排放量40%以上，每年节省粪污处理费用约50万元。节能猪舍采用24 h连续通风保持舍内恒温技术，减少了猪群呼吸道疾病和冷应激腹泻疾病的发生，断奶仔猪成活率提高至99%，死淘率低于2%，PSY（每头母猪每年能提供的断奶仔猪头数）由18头提高至26头，传统猪场每年所需保健费及治疗药品费约100元/头基础母猪，节能猪舍需约20元/头基础母猪，节省兽药费用80万元以上。

示范作用

在辽宁鞍山建设示范场1个，在青岛、呼伦贝尔等全国各地建设推广猪场300多家，累计建设猪舍面积 240 万 m^2，可饲养母猪 20 万头，年出栏商品猪 520 万余头。

适用区域和规模

派如模式猪场适合在全国推广，-20℃以下极寒区域需开挖地窖，利用地下热能或增加换热装置，均可实现“猪舍冬天不用取暖”和“24 h 连续通风保持舍内恒温”；既适合于中小规模和大型适度规模猪场，也适合农民家庭猪场，进行种养结合。

案例

派如模式猪应用案例

第二部分

畜禽饲养

生猪智能化养殖

典型案例

（青岛新万福食品有限公司青山猪场）

基本情况

青岛新万福食品有限公司青山猪场是青岛万福集团股份有限公司旗下七处养殖场之一，项目于2021年底建设完工，总占地面积118.66亩，坐落于莱西市南墅镇青山村东、黑虎山南300 m的荒山中，充分利用荒山荒地节省耕地指标的同时，为养殖场动物疫病防控建立了天然的生物防控屏障。

现有父母代康贝尔能繁母猪4 000头，年出栏仔猪和商品猪8万头。2022年被山东省畜牧兽医局评定为山东省智能牧场、山东省生猪数字化联合育种企业、山东省智慧畜牧业应用基地。

主要做法

设施设备

场区内建设有分娩舍4栋、保育舍4栋、配种舍4栋、空怀舍4栋、隔离舍1栋、公猪舍1栋；配备自动化精准环境控制系统设备70台，自动饲喂系统设备122台，无死角视频监控系统等；配备高效空气过滤系统，有效过滤粉尘及病毒粒子，拦截率99%；采用全封闭隔热保温模式，利用猪群余热作为热源，实现低碳冬季取暖。

1/数字化牧场平台

◆ 特点

猪场建设生猪智能化养殖平台一处，具体包括守护卫士S1及其配套传感器、水表各5套、无线传感器5套、分娩舍精准饲喂系统24套、妊娠舍精准饲喂系统60套、生物安全AI超脑4套和巡检机器人1套。通过搭建“1+N+N”的平台架构体系实现“上游一盘货、中游一盘账、下游一盘棋”的数字大平台布局。

数字平台

◆ 性能及用途

（1）数字化信息采集系统。智能化采集系统平台展示温度、湿度、二氧化碳浓度以及氨气浓度变化曲线及其反映的舒适度情况等。

（2）生物安全系统及大屏展示系统。设备包括：AI 超脑 KC-AI04 、AI 超脑 KC-AI01 、盘点球机、轨道巡检机器人 KCROB01、妊娠母猪饲喂器、哺乳母猪饲喂器、饲喂网关、传感器、智能水表系统、无线传感器等。养殖场配备轨道式智能巡检机器人 1 套，巡检机器人搭载红外热成像、高清相机、深度相机等多种采集器，加以 AI 智能算法，自主完成对每个猪栏的定期巡检，准确掌握存栏数量及健康状态，实现自动化监测，并能将相关数据传输至远程视频端。

（3）采用人工智能技术精准监测猪只喂养情况，完成生猪喂养关键数据非接触、零应激的采集、使用与研究。

（4）在生物安全防护方面，有效解决员工靠自觉执行生物安全制度难、靠人盯监控视频效率低下且成本高、生物安全岗位人员增多、员工生物安全制度违规难以系统汇总分析等问题。

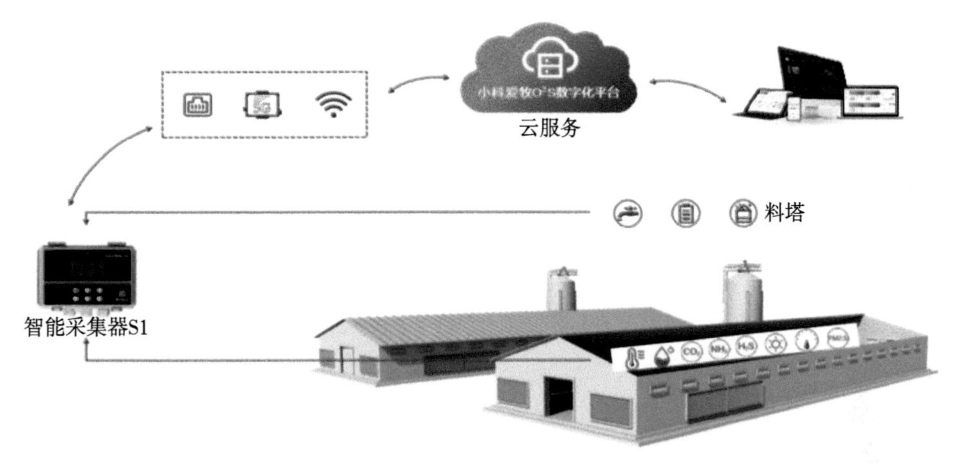

基于 IoT 的数字化采集分析系统

2 / 自动饲喂系统

◆ 特点

系统包括分娩和妊娠两种场景，设置不同的餐次、饲喂比例和水料比，以达到最优饲喂效果。关联大数据平台分析数据，自动化调控饲喂模型；关联物料档案，一键绑定母猪耳标，切换饲喂状态。其中分娩精准饲喂系统设置待产、分娩两种饲喂状态，根据胎次、产仔数等个体差异精准控制食量；妊娠精准饲喂系统设置初产和经产饲喂曲线，根据胎次自动切换、调整饲喂量，根据日龄自动调整妊娠母猪每个时期的参考背膘值实行精准控膘。

◆ 性能及用途

（1）定量桶特殊结构设计，防止物料结拱。

（2）电机电流检测，出现空转以及缺料及时输出报警信息；设置水料比，通过算法控制水料同下，可以有效降低室内饲料的粉尘；增加适口性，提高猪只采食速度和采食量，大大提高猪只性能；采食时即可补充水分，无须额外饮水，节省产后母猪体力。

（3）通过设置饲喂参数，自动下料，无须人工逐个调节，减少工作量；通过绞龙下料，能够精细化控制下料量，提高饲喂精度；根据背膘值通过平台个性化 / 批量化调节每头猪的饲喂量，简单方便易操作；内置料型校准模块，切换不同饲料类型（颗粒料或者粉料）时，可以根据算法模型自动匹配合适的运行时间，最终提供精准的下料量。

自动饲喂系统

（4）设置餐次，先下刺激料 200 g，结合拱食探头，检测采食意愿，进行下料控制，控制后续下料量，避免饲料浪费。单次下料 200 g 和对应水量，进行充分混合，保证采食槽内没有过多残留饲料。

（5）工艺精良、运行流畅、下料精准，能够提高饲喂精准率约 10%。

生产工艺

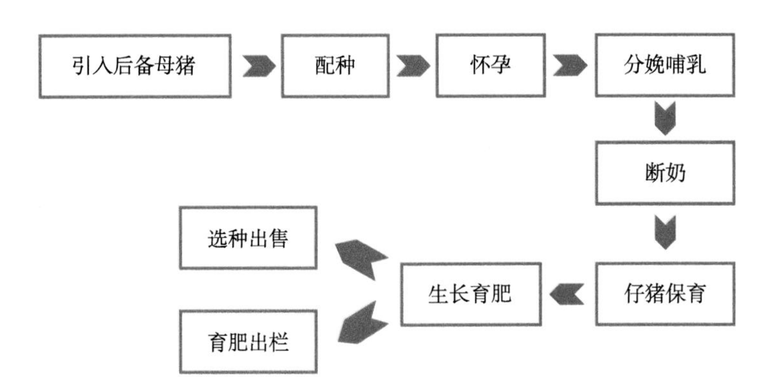

养殖场在基本实现现代化、自动化养殖的基础上，正在积极进行数字化、智能化改造升级，整体打造生猪养殖的“米家”平台系统，包括数字化环控、生产信息采集、物联网集中报警、精准饲喂、生物安全智能防控、生物资产、巡检系统等内容，打造

现代化智能生猪养殖“万福样板”。

分娩定位栏：母猪在定位栏内站立，可以更方便地进行饲养、检查和治疗，避免母猪在治疗时的惊吓和受伤。

自动饲喂系统：饲料入厂后直接进入料塔，打开料线控制箱开关，饲料通过传动系统进入安装在猪舍内的料槽，即可对同一栋舍的猪只同时进行定量饲喂。

自动化温控系统：能够根据舍内环境变化自动开启风机调整温度、开启湿帘调整湿度。

自动水线：饮用水经反渗透净化处理，通过管线进入猪舍水线，使用碗式饮水器供水，实现自动清洁饮水。

粪污集中收集：猪只生活在漏缝地板上，猪舍内产生的猪粪由于猪的踩踏及重力作用离开猪舍进入猪舍底部的粪污储存池，日常不需要使用清水冲洗猪舍，猪舍下的储存池底部基本水平，排粪塞位于中部最低处，当粪污达到计液位时，粪塞打开，猪粪尿通过重力作用由管道进入粪污处理区。

种养结合：养殖场牢固树立“绿色低碳、可持续发展”环保理念，场内配备粪便干湿分离设备、1.8 万 m^3 黑膜沼气池、2 400 m^3 氧化塘、粪便发酵棚等设施，实现粪污三级处理，确保粪污零排放。租赁周边千余亩农田，将经过处理的固体粪便和沼液还田，实施种养结合，实现多方共赢。

主要成效

1. 提高效率

新万福青山生猪养殖场拥有自动化饲喂系统设备 122 台（套），饲料入场后直接进入料塔，打开料线控制箱开关，饲料通过传动系统进入安装在猪舍内的料槽，即可对同一栋舍的猪只同时进行定量饲喂，能够有效防止饲料浪费和饲料的二次污染。同时，饮用水经反渗透净化处理，通过管线进入猪舍水线，使用碗式饮水器供水，实现自动清洁饮水。与传统养殖场相比，生产效率提高了 50% 以上，年可节省工人 50 人，年可节省用工费用 400 多万元。

2. 节约资源

通过精细管理，减少饲料浪费约 5%，每头育肥猪节约饲料 5 kg，节约饲料支出费用 12.5 元左右，按照年出栏生猪 10 000 头规模计算，年节约饲料成本 12.5 万元。

公司响应国家绿色环保的号召，在绿色新能源方面进行探索试验，充分利用猪舍空闲屋顶，安装了 200 kW 智能光伏发电系统，每天可发电 800 kW・h，所发电量全部用于养殖场日常使用，每年可为猪场节约电费 25 万元，降低了生产成本。

3. 绿色低碳

养殖场将养殖过程中产生的污水和粪便经过干湿分离、黑膜胶囊沼气池发酵处理后还田，实现粪污零排放。同时，公司与青山村村委签署养殖粪污还田协议，将猪场处理后的粪污（沼液）于每年春秋两季在玉米、小麦等农作物播种前，作为有机肥料，通过罐车、蛇皮管等方式均匀地喷洒于周边农田，再以市场价格优先收购周边农田产出的玉米、小麦，用于加工饲料，形成“养殖—粪污处理—种植”的种养循环绿色发展模式。

4. 增加经济效益

养殖场现有父母代康贝尔能繁母猪 4 000 头，年出栏商品仔猪 8 万头。结合公司在良种猪繁育、技术推广、商品猪养殖、饲料加工等方面的技术优势，公司与专业育肥场签订代养协议，为专业育肥场统一提供仔猪、饲料、疫病防控、技术服务、回收宰杀，每一环节均由公司垫资。每年可为专业育肥场新增收入 2 000 万元，年新增优质商品猪 8 万头，年新增销售额 1.6 亿元。

5. 其他

养殖场猪舍实行全封闭管理，通过在进风口设置高效过滤棉，尽量隔绝蚊虫鼠蚁以及非洲猪瘟等疫病因子进入猪舍内，有效净化了猪舍空气质量，提升了呼吸道疫病防控能力，同时在场区设置飞鸟驱除装置，有效阻断了飞鸟等带来的疫病传播。

示范作用

养殖场探索推行“公司繁育 + 放养场户 + 回收宰杀”模式，带动莱西及周边县市 200 多家专业生猪养殖场（户）从事生猪养殖，同时与周边县市 2 000 多家生猪养殖场建立长期合作关系，每年为农民增加收入 4 亿多元。

适用区域和规模

适用于所有区域年出栏 5 000 头以上的猪场。

生猪楼房智能化养殖
典型案例

（青岛即墨牧原农牧有限公司）

基本情况

青岛即墨牧原农牧有限公司位于青岛市即墨区段泊岚镇，成立于 2019 年 12 月。2020 年 5 月，即墨牧原第一分场正式开工建设，2021 年 7 月投产运营。即墨牧原第一分场总投资 1.78 亿元，设计年出栏商品猪可达 10 万头，是牧原集团在华东区域首家“楼房猪舍”，同时是牧原集团当下科技感最高的智能猪舍。即墨牧原第一分场采用智能饲喂系统、精准环境控制系统、粪污处理系统等系统联动，搭载最新研发第三代巡检机器人、板下推粪机器人等多机器人协同作业，有效提高养殖效率、降低养殖成本。截至 2022 年 12 月底，已完成销售商品猪 6 万余头。即墨牧原第一分场获得了国家级畜禽养殖标准化示范场、国家级生猪产能调控基地、山东省智慧畜牧业应用基地、山东省智能牧场、青岛市农业产业化龙头企业等一系列荣誉。

主要做法

养殖设施

1 /智能巡检机器人

◆ 特点

（1）基于人工智能技术，可以自动化地进行巡检和监控，保证生产效率和质量。

（2）配备有多种传感器，如气体传感器、温度传感器、湿度传感器、光照传感器等，能够实时监测养殖场内的环境变化。

（3）利用机器视觉技术，可以识别和监控养殖场内的动物，提高养殖场管理的自动化程度和效率。

智能巡检机器人

（4）可以进行路径规划和自主导航，自由移动，完成巡检任务，减轻工作人员的工作量。

（5）以实现长时间的无人值守巡检，不受时间、天气等限制，大大提高巡检效率并实现精准巡检和数据采集。

◆ 性能及用途

（1）高效率。智能巡检机器人可以快速、准确地完成巡检任务，能够及时发现和解决问题，提高了生产效率和质量。

（2）自动化。基于人工智能技术，智能巡检机器人可以自动化地进行巡检和监控，减轻了工作人员的工作量。

（3）多传感器。配备有多种传感器，能够实时监测养殖场内的环境变化。

（4）数据上传和分析。能够将巡检数据上传至云端进行分析，实现更加精细化的管理和优化。

（5）降低成本。相比人工巡检，智能巡检机器人可以大幅降低劳动力成本，一台机器人可以代替多个人的工作，而且机器人的维护和保养成本相对较低。

2 /超滤设备

◆ 特点

利用膜过滤的筛分特性，能够有效截留水中的部分残留物，提高水质。可用于去除碳水化合物与草药以及生物制品中的各种残留物。膜本身具有好的低介电性能、抗氧化性以及耐酸性。能够通过多种有机化学品进行清洗，并且清洗效果良好，从而延长清洗膜的使用寿命。

超滤设备

◆ 性能及用途

（1）超滤设备利用膜分离技术，通过膜的筛分作用，有效去除水中的悬浮颗粒、细菌、病毒、蛋白质、微生物等杂质，实现水质的净化、分离或浓缩。

（2）超滤设备具有操作压力低、设备体积小、分离能力强、清洗周期长、节能效果显著等优点。

（3）超滤设备可以提高养殖用水的水质，为养殖业提供更加健康的生态环境。此外，超滤设备还可以用于生物制品的分离和浓缩，提高产品质量。

3 /厌氧罐

◆ 特点

厌氧罐是一种高效的多级内循环厌氧反应罐，型号为IC，占地少、有机负荷高、抗冲击能力更强，性能更稳定、操作管理更简单。适用于有机高浓度废水处理，如养殖场的废水处理。

◆ 性能及用途

（1）耐负荷能力强，能处理高浓度的有机废水。

（2）启动运行简单快速，使用时能很快进入工作状态。

（3）结构简单，安装方便，操作管理简单。

（4）处理过的废水能达到排放标准，实现有机废物的资源化利用。经过厌氧罐的处理，废水中的有机物会被过滤掉，产生的污泥沉淀和沼气也会被定期抽取出来，污泥可以转化为有机肥料，沼气则可以通过特定的处理装置变成正常气体排放出去。

厌氧罐

生产工艺

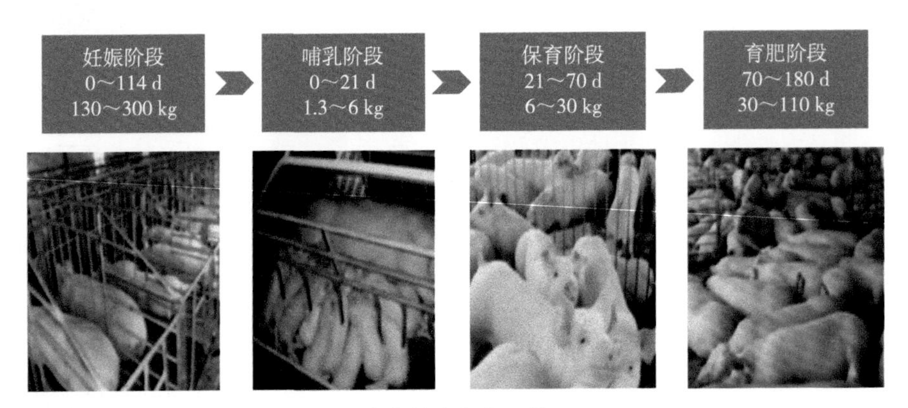

生猪养殖生产工艺

楼房养殖模式：楼房分为6层，建筑面积约6万 m^2，内部分为两栋，每栋楼配备三部转运电梯，其中两部电梯转运活体猪，一部电梯转运死猪。楼房五、六层主要养殖能繁母猪，四层养殖保育仔猪以及后备母猪，一、二、三层养殖育肥猪。楼房设计猪群在五层、六层出生，21日龄断奶后，经过转猪电梯下至四层，饲养至70日龄后转运至一、二、三层进行育肥，饲养至180日龄、110 kg方可直接销售，猪群只向下转运，避免病原交叉传播。

精准环境控制系统：重点配置猪舍自动化通风、温湿度控制、灯光控制、环境监测与智能控制软硬件系统等设施设备，集成信息融合、神经网络及模糊控制等关键技术，实现猪舍各环境因子的自动监测、数据采集和智能控制，同时分析数据对生猪疾病、发情和生长的影响。

数字化精准饲喂管理系统：配置全封闭管链运输系统，结合猪群品种、性别、年龄、生理状态数据与生长数据，制定精准的饲料投喂方案，通过自动饲喂系统投喂，记录不同配方饲料喂量与特定群体的对应关系，结合投喂数据与生长指标，对猪营养方案进行不断优化，形成饲喂—生长—改进饲喂—提高生长的正反馈。

智能饲喂机

畜禽粪便清理系统：采用智能机器人板下作业大幅度节省成本，降低安全风险，完成“源头减量、过程控制、末端利用”，改造提升粪污处理配套设施，配置节水养殖设施设备，推进生猪粪污储存、收运、处理、综合利用全产业链模式，养殖粪肥污水得到环保处理和资源化利用。

粪污处理机器人

污水处理回用技术：粪污经过板下清粪机器人将水泡粪推到自吸泵，经自吸泵将粪污密闭运输到固粪棚，经二级滚筒筛进行固液分离，固体留在固粪棚发酵，液体经厌氧罐发酵进入厌氧池和好氧池发酵，在经过二次沉淀后进行超滤，最后达到回用水的标准用于道路、车辆消毒等。

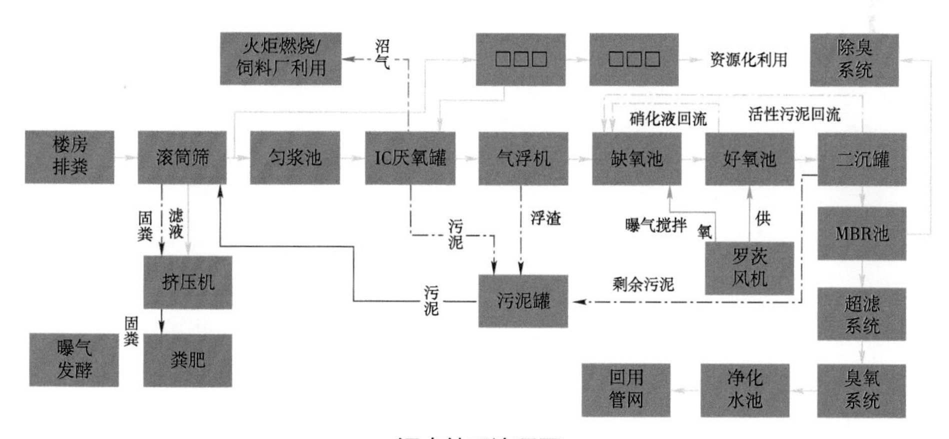

污水处理流程图

主要成效

1. 提高效率

采用智能饲喂技术，可实现精准饲喂，使饲养员人均养殖生猪 1 800～3 200 头，大幅度提高养殖效率；通过环境调控提升生长速度、降低疾病发生率，提高生产效率，提升动物福利。猪舍自动化水平由 60% 左右提高到 80%，网络视频监控比例达到 100%，生产成本降低 30 元 / 头，恒温控制模式下健仔率和生长速度能提升 5% 左右。

2. 节约资源

即墨牧原第一分场作为即墨区特色的楼房猪舍，一体化产业链的发展模式使得公司将生猪养殖各个生产环节置于可控状态，在饲料安全、疫病防控、成本控制及标准化、规模化、集约化等方面具备明显的发展优势。当前即墨牧原第一分场年产 10 万头育肥猪，养殖面积 71 亩，每亩可出栏生猪 1 408 头，作为新型猪舍，相较普通猪舍生产率提高近 5 倍；利用数字化精准饲喂管理系统，商品猪出栏率提高 5%，料肉比提高 0.1，减少 10% 的饲料使用量；粪便综合利用率达到 100%，管道节水 20% 以上，通过粪污无害化处理年可节约 935.13t 标准煤，即 57.97 万元；利用污水处理回用技术，年可节约用水 10 万 m^3。

3. 绿色低碳

大力推行沼液沼气工程。进行畜禽废弃物资源化利用，实施沼液还田，实现种养结合。年产沼液 142 350 m^3，农田辐射面积达 2 847 亩，与周边农户签订免费还田协议，减少农户化肥的使用，每亩地可为农户节省 107.5 元，每年可为周边农户节省 30 余万元。在沼气方面，采用厌氧发酵罐，建设黑膜沼气池，可年产沼气 86 400 m^3，1 m^3 沼气相当于 0.7 kg 标准煤，可年产 17.28 万 kW · h 电，可为养殖场配套的饲料厂提供充足的绿色能源。

示范作用

青岛即墨牧原农牧有限公司积极响应国家种养循环政策，为带动周边农户发展，将所有沼液、粪肥无偿送与农户。即墨牧原第一分场年产沼液约 17 万 m^3，按照每亩农田可消纳 15 m^3 沼液计算，每年可以覆盖农田 11 000 亩。为方便沼液就近还田，牧原出资铺设 3 条管网可直接将沼液输送到农户田地，按照沼肥替代化肥 160 元 / 亩计，可为农户节省化肥支出约 176 万元；公司年产固态粪肥 4 800 m^3，全部无偿赠与周边农户，可以覆盖农田 1 600 亩，按粪肥外售价格约 120 元 /m^3 计，可为农户节省肥料支出 57.6 万元，以上两项共计可为周边 800 户农户节省约 233.6 万元。

适用区域和规模

达到养殖用地的标准且拥有合适土地与水资源的地区均可适用。

蛋鸡全程智能养殖
典型案例

（青岛环山蛋鸡养殖有限公司）

基本情况

青岛环山蛋鸡养殖有限公司成立于2016年8月，位于青岛市即墨区移风店镇大兰家庄村北，现有占地1100亩循环农业种植区和一个占地67亩的标准化养殖示范基地。基地共拥有12栋鸡舍，全场饲养蛋鸡总量40万只。公司在2017年5月开工建设，2017年11月投产，2018年1月全面竣工，满产后每年向市场供应无公害鸡蛋4 600多吨。

公司以“鸡健康，蛋安全”为发展理念，通过使用安全无害且营养精准的饲料、整套进口的生产设备、智能化的环境控制、全面的生物安全防控体系、数字化的生产追溯系统，全方位地保障蛋鸡的健康。从分拣、清洗、干燥、消毒、喷码、全自动分级和装托的蛋品处理系统更是为每一枚“环山牧场安全蛋”提供坚实的质量保障。

2018年11月，完成了无公害农产品、青岛市规模化畜牧示范场认证；2019年1月，联合山东省饲料行业协会取得无抗饲料试验场认定；2019年3月参加了“山东省兽用抗菌药使用减量化行动”，2020年达标挂牌；2019年11月，被认定为国家级规模化畜牧示范场、青岛市智慧农业基地和第四届青岛知名农产品品牌；2020年4月，被山东省畜牧兽医局评为“山东省兽用抗菌药使用减量化达标示范场”；2021年1月，获评“采食即墨”农产品区域公用品牌。

主要做法

养殖设施

采用全套德国大荷兰人进口蛋鸡养殖设备与荷兰进口MOBA禽蛋分级设备。

1/配备智能大农场系统

◆ 特点

（1）系统简单高效，可以远程控制每个鸡舍内的温度、湿度、光照、饲喂、清粪等程序。

（2）通过大农场系统配备的电脑和智能手机App可直接调整和执行具体控制程序，可通过互联网总览一个或多个农场，实时监测养殖基地安全。

（3）完善的报警系统，可提供气候、生产、管理等报警，按每天、每周、每批次生成生产和气候数据报告，各位置最重要的关键时刻值以简单易懂的图形显示。

（4）通过颜色指示状态实时显示鸡只重量和增重、死亡家禽和死亡率、每只鸡的饮水和饲料转化率等生产关注的指标。

配备智能大农场系统的养殖场

2 /配备 Viper Touch 环控系统

（1）相比国产环控系统更加智能、更加便捷，有着更加卓越的环控效果，达到对每个鸡舍的智能型气候控制，在每栋鸡舍内安装多个探头，检测鸡舍内温度、湿度、二氧化碳等环控指标，与预先设定的环控参数进行对比，自动调控开启通风、加湿等设备。

（2）可以实现对开启风机等设备数量、转速、进风量、通风方式等多个环节智能化控制，可以精确调整微小的风量，确保整个鸡舍温度均匀，特别适合冬冷夏热的地区，全年始终保持舒适的气候条件，有利于家禽健康。

（3）该系统可提前设定环控参数，实现全程智能控制。

3 /配备 MOBA 分拣设备

（1）每小时可分级包装鸡蛋 3 万枚，集清洗、烘干、紫外线消毒、涂油、裂纹检测、喷码、包装等功能于一体，一条生产线用工只需 6 人。

（2）该设备可根据客户要求对每一枚鸡蛋自动称重、分级，鸡蛋经过清洗、杀菌、涂油后可在鸡蛋表面形成一层保护膜，能有效阻止细菌进入，可提高蛋品品质，延长鸡蛋保质期。

MOBA 分拣设备

◆ 性能及用途

通过 LAN 以太网和光缆相结合高速连接到办公电脑，可通过网络实现远程数据访问。实现了供料、供水、清粪、通风、收集传送鸡蛋的全自动化远程电脑控制和 24 h 不间断监控，优秀的环控大大地降低生产成本，提高了蛋品质量。

工艺流程

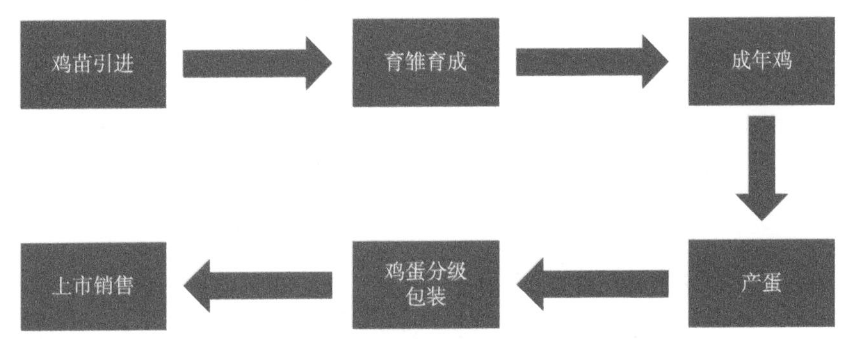

蛋鸡饲养工艺流程

大笼饲喂：四层笼养在合理利用土地的基础上，尽可能保障了养殖成功率，能够更精准地为蛋鸡提供合适的温度、湿度、通风，使鸡舍内温差控制在3℃以内，为做好无抗养殖打好了基础。

智能环控系统：全程实现温度、湿度、光照、通风、清粪、喂料、集蛋自动化，通过物联网及时传递实时数据，使管理人员和技术人员能及时掌握鸡舍动态，提高了生物安全时效，达到抗生素零使用。

笼养蛋鸡

留样鸡蛋

粪污无害化处理：使用高温好氧发酵罐无害化处理粪污，可自动化运行，持续快速获得对环境友好的有机肥，变废为宝，同时降低了疾病传播风险，为蛋鸡全程不使用抗生素提供了长期保障。发酵罐内部用聚氨酯做保温层，受外界环境影响小，可常年连续发酵使用。该设备具有结构设计人性化、操作方便、传动平稳、噪声低、使用寿命长、节约土地、安全环保等特点。

智能集蛋系统：集蛋采用MOBA禽蛋分级设备，实现蛋品清洗、消毒、涂膜、光检、喷码自动化和全程追溯，降低了鸡舍和人员之间的交叉感染风险。

超滤＋反渗透净水设备：养殖超滤＋反渗透净水装置是一种用于水处理的设备，

可以将水中95%的盐分和杂质等物质过滤掉，使水变得更加洁净。在养殖业中，可以提高水质的纯度，保证养殖水体健康和稳定，同时还可以减少水中的大肠杆菌和病毒等有害物质，超滤+反渗透净水设备操作简单、效果显著，每小时可以产生净化水10 t，水回收率≥60%，使水处理变得更加节能环保。

生产厂区

主要成效

1. 提高效率

单栋鸡舍饲养35 000只产蛋鸡，极大地提高了鸡舍的利用率，采用国外进口的优良设备，实现了蛋鸡养殖的集约化发展，既可实现蛋鸡养殖的全程可追溯，也更方便了人员对养殖场的管理。

2. 节约资源

公司鸡场建设采用了全钢结构，墙体由三层保温材料构成，具有保温性能好、抗风防老鼠，防火耐腐蚀的优点，加上鸡舍先进的Viper Touch环控系统可使鸡舍四季都维持在20～27℃，降低了鸡群的应激，提高了鸡的成活率，各设备都有节电模块，可实现根据鸡舍电器功率进行动态调节，预计每年节约全场用电量的 2%～3%。

3. 绿色低碳

公司采用了智能高温好氧发酵设备，设备节能环保、省人力，自动化程度高，相比其他鸡粪发酵设备，具有废气、废液排放较少的优点，实现了粪污到有机肥的转化，既减少了污染，又提高了经济效益。

4. 经济效益

公司共存栏产蛋鸡 30 万只，年产无公害鸡蛋 4 600 多吨，按 2023 年均价每千克 10 元计算，年营收约 4 600 万元。

示范作用

2019 年 4 月，公司在即墨区首家实施了“双证制”管理，并在青岛畜牧科技示范园举办了全区实施鲜鸡蛋“双证制”管理的培训班，通过培训快速推动全区禽蛋养殖企业鲜鸡蛋“双证制”管理的实施。

自 2018 年投产以来，通过交流学习，带动 115 万只新建自动化笼养养殖场和周边养殖场升级改造，多增加 60 万只养殖量；共同降低了 20% 的兽药使用量，并完全实现了产蛋期抗生素药物零用量。

适用区域和规模

达到养殖用地的标准且拥有合适土地与水资源的地区均可适用。

蛋鸡本交叠层笼养－粪便高温好氧发酵典型案例

（青岛宝祺生态农业科技有限公司）

基本情况

青岛宝祺生态农业科技有限公司成立于2019年，注册资金6 000万元，已投资1.2亿元，位于南村镇张家营村南，场区占地200余亩，流转耕地2 000余亩，是一家集种蛋、蛋鸡饲养管理，种蛋生产、孵化与雏鸡推广，饲料加工与营养研究，特色蛋品和农产品、加工与销售，种植与养殖一体化的综合利用生态循环型的农业企业。目前蛋鸡存栏量30余万只，同时，坚持合作共赢的发展理念，以“公司＋基地＋农户”的产业化养殖模式，把企业发展和带动当地养殖、种植业发展，帮助农民尽快脱贫致富紧密结合起来，以农为本、规模养殖、科技扶贫、实现双赢。

公司2020年获评“山东省智慧畜牧应用基地”称号，2021年被评为“国家级畜禽养殖标准化示范场”、山东畜牧协会蛋鸡分会会员单位；2022年获评数字养殖智能免疫实验示范基地、山东省粪肥还田种养结合样板基地、国家畜禽健康养殖减抗技术示范基地的称号。

主要做法

养殖设施

1/全自动电子化饲料加工机组

◆ 特点

（1）自动配料系统采用电脑+PLC可编程逻辑控制器为核芯，体积小，精度高，稳定性能好。

（2）自动配料系统采用最新的WinZPS系统平台，运行更快速、更稳定，实时动态生产画面展现生产进程，操作直观、清晰，具有自动恢复功能。

（3）自动配料系统可同时控制多台秤，智能化控制配料时间周期，实时图形显示生产流程和文本显示生产过程，方便操作员操作。

（4）自动化生产线基于RS485总线和以太网采集信号，与MES系统对接采集数据，通过画面监控现场设备运行状态和运行参数，实时记录生产数据资料。

（5）自动预警软件可将生产出现的异常情况主动发警报给相关人员。

（6）采用脉冲布袋除尘器，利用脉冲喷吹清尘技术，清灰能力强，除尘效率高，运行稳定可靠。

◆ 性能及用途

全自动电子化饲料加工机组

（1）高效率。保证了自动配料系统均匀性与配料精准度，提高配料速度和产量，多种不同物料控制输出，提高了生产效率和质量。

（2）数据化。配料系统可以自动对收集的信号进行运算处理，从而自动控制设备的正常运行，为生产管理提供大量数据信息。

（3）降低成本。自动生产加工可以降低成本。代替传统人工计量，减少对人力的依赖，降低成本。此外，还可以减少计量过程中的物料损耗，提高资源利用率，从而降低企业的生产成本。

（4）环境保护。解决厂区物料搬运的粉尘难题，保证环境空气质量，克服了常规露天排放及传统布袋除尘器的缺点。

2 /净化水处理设备

◆ 特点

原水在高压力的作用下通过反渗透膜，水中的物质由高浓度向低浓度扩散从而达到分离、提纯、浓缩的目的，具有运行成本低、操作简单、自动化程度高、出水水质稳定等特点，与其他传统的水处理方法相比具有明显的优势。

Ro 反渗透自动净水系统

净水间蓄水系统

◆ 性能及用途

（1）反渗透是在室温条件下，采用无相变的物理方法将含盐水进行脱盐、除盐。超薄复合膜元件的脱盐率可达到99.5%以上，并可同时去除水中的胶体、有机物、细菌、病毒等。

（2）自动化程度高，采用全自动预处理系统，实现无人化操作，产水、浓水各设有流量计以监视并调节运行出水量及系统回收率，产水电导率表连续监视产水水质。

（3）设置膜自动冲洗功能，可定时将膜表面的污染物冲洗干净，延长膜的使用寿命。

（4）遇故障即可报警停机，具有自动保护功能。

（5）提高养殖用水的水质，为养殖业提供更加健康的生态环境。

3 /高温好氧发酵罐及传输系统

◆ 特点

（1）运输带不受室外天气影响、无粉尘、自动化清洁，避免恶臭鼠虫蚊蝇滋生或瘟疫等灾害，保障鸡群安全卫生和养殖环境的干净整洁。

（2）代替传统的回收车运输，避免人工进行转运的重复作业，也避免了人员、车辆运输产生的污染，工艺流程设计流畅简洁、有效降低劳动强度。

（3）好氧发酵罐，全密闭处理，热量损失少，发酵更快速（7～10 d），且不受外界环境温度影响。

（4）有效容积大，处理量大、效果好，病死鸡也可无害化处理。

（5）设备耐久性能好，使用寿命长（设计寿命 10 年及以上）。

（6）集中排气，密闭收集，除臭方便且效果好，符合环保要求及排放标准。

（7）全程自动化控制，人员配备少，每人最多可管理 4 台设备，操作方便，在很大程度上节约劳动力成本。

◆ 性能及用途

（1）粪污传输带。室外清粪传送带，包括传送带、顶棚和挡板及高架台组成，防雨、防尘罩保护粪污输送带，起到的防雨、防尘、防风的作用，粪便在传送过程中损失减少，使输送带在运行中更为安全可靠，对净化环境起到很大的作用。

（2）好氧发酵罐。主要由发酵室、主轴传动系统、液压动力系统、上料提升系统、高压送风系统、除臭系统、控制系统组成。生物质（粉碎后的锯末、稻壳、玉米秸秆、玉米芯、花生壳等）以及返混料按照一定比例混合进入处理系统，通过高压送风系统向物料中不断送氧，在好氧发酵菌的作用下，有机物不断分解，产生大量热量，促进物料中的水分蒸发，同时在高温状态下杀灭病原体、寄生虫及杂草种子，达到无害化、减量化、稳定化的处理目的；发酵后的物料可作为有机肥原料，加工成有机肥料还田，实现资源化利用。

4 / 层叠式公母混养大型本交笼

◆ 特点

（1）采用 H 型叠层鸡笼，由鸡笼和笼架、行车喂料系统、清粪系统、集蛋系统、饮水系统、配电系统等组成，蛋鸡养殖实现自动喂料、自动供水、自动清粪、自动喷雾、自动集蛋等一系列自动化运行，实现立体化、高效养殖。

（2）公母鸡按 1：9 比例混养，采用大笼式设计、公母鸡通用式笼门、可调节三挡水线设置等人性化设计，增加种鸡福利，提高种蛋受精率。

（3）大幅度提高单位养殖量的同时，保障每只鸡的活动空间达到 576 cm^2，比行业水平提高 29.1%。

◆ 性能及用途

（1）采用自然交配代替人工授精，减少用工数量，降低劳动强度，降低生产成本，采用三层以上笼养，有效利用空间。

（2）实现蛋鸡养殖自动喂料、自动供水、自动清粪、自动喷雾、自动集蛋等一系列自动化运行，实现立体化、高效养殖，以自动化设备取代人工，提高现代化养殖水平。

三层重叠式大笼、公母混养本交笼

生产工艺

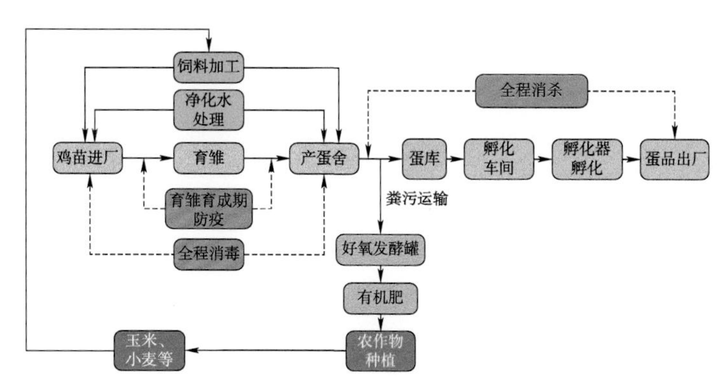

叠层鸡笼：采用 H 型叠层鸡笼，由鸡笼和笼架、行车喂料系统、清粪系统、集蛋系统、饮水系统、配电系统等组成，蛋鸡养殖实现自动喂料、自动供水、自动清粪、自动喷雾、自动集蛋等一系列自动化运行，实现立体化、高效养殖。

智能环控系统：鸡舍采用双层保温隔热材料建设，通过养殖全过程的物联网数据采集、数据存储、数据分析，应用先进的人工智能养殖算法，对环控设备自动控制，实现了对鸡舍环境的最优控制，舍内温湿度恒定，空气清新，环境舒适。

粪污无害化自动处理设施

饲喂系统：配备玉米、豆粕等饲料原料存储塔，通过全自动饲料机组，根据不同日龄、不同配方自动配料粉碎，通过中央供料系统输送至鸡舍配备的料塔，按照设定时间和饲喂量，自动启动喂料装置，精准饲喂。

大型自动集蛋、清粪一体化本交笼

供水系统：饮水经反渗透净化处理，通过管线进入鸡舍水线，使用乳头式饮水器供水，实现自动清洁饮水；水线中安装有电子流量传感器，实时记录饮水量。配备水线加药机，实现自动饮水加药功能。

光照调节系统：通过自动光控装置，根据鸡的日龄和生长状态，设定光照时间，保持每日稳定的光照时间，促进鸡群对营养的吸收，维持良好状态。

清粪系统：通过清粪带每日清晨进行自动清粪作业，将鸡粪运送至舍外粪场，加工为有机肥料，减少人工成本，改善鸡舍内环境，保持空气清洁度，减少粪便潜在病原在鸡舍扩散，减少有害气体引发的呼吸道疾病。

集蛋系统：通过传送带，将鸡舍内部的鸡蛋传送到鸡舍头端，通过自动捡蛋机，搭配中央集蛋带将各个鸡舍的鸡蛋统一传送至蛋库，实施自动分拣、计量，装箱入库销售，减少用工。

主要成效

1. 提高效率

传统种蛋鸡舍人工授精方式需要 30 人 /d，每 5 d 操作一次，单栋存栏 5 万只公母混养的大型本交笼产蛋舍，现只需 1～2 名饲养技术员即可，种蛋受精率提高到 96.7%，较传统人工操作提高了 4%，比较传统养殖在省工降成本、降低安全隐患、保证产品质量等诸多方面发生质变，实现了高产高效养殖。

2. 节约资源

（1）鸡舍全封闭饲养，提高了防疫水平，降低了鸡群发病率，因严格把控生物安全措施，逐步实现全程“无抗”养殖，在很大程度上减少了兽药使用量。

（2）鸡舍采用双层保温隔热材料，利用新型环境控制技术，实现了鸡舍内部环境

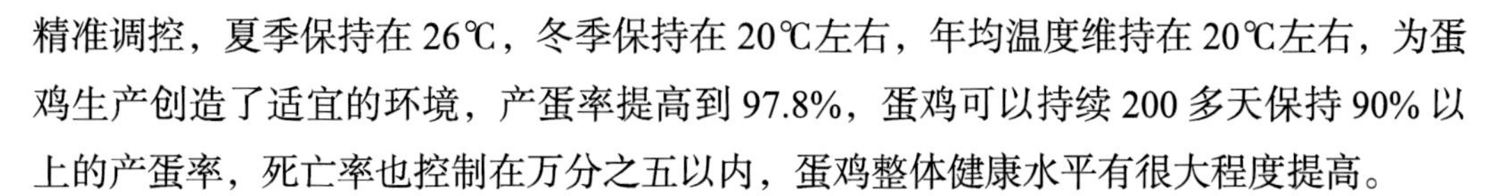

精准调控，夏季保持在26℃，冬季保持在20℃左右，年均温度维持在20℃左右，为蛋鸡生产创造了适宜的环境，产蛋率提高到97.8%，蛋鸡可以持续200多天保持90%以上的产蛋率，死亡率也控制在万分之五以内，蛋鸡整体健康水平有很大程度提高。

3. 绿色低碳

公司一期工程存栏量30万只，日产粪污10～15 m^3，配套流转2 000亩农耕地，以小麦、玉米等为主要种植作物，养殖产生的粪污及农业种植产生的秸秆等废弃物，通过设备自动调节发酵温湿度，每天可处理10～30 m^3粪便；经7～10 d发酵出优质有机肥原料，变废为宝，成为养殖业粪便无害化处理得力助手，生产有机肥又可以循环种植农作物，作物收获后又可作为饲料原料进行加工生产成饲料用于鸡群饲养，成功打造种养循环一体化的生态循养模式。

4. 经济效益

目前，宝祺公司养殖生产过程把环境保护与生物安全放在首位，全程实现自动化规模养殖，节能降耗、省人工、除隐患、保质量，鸡舍内环境控制得好，又实行全封闭饲养，提高了防疫水平，降低了鸡群发病率，减少用药成本，因严格的生物安全防控，实现了高产高效养殖，鸡群日均产蛋率高达97.8%，比同行业水平高出3%，日产蛋29万余枚，2022年的年营收为7 860万元，2023年的年营收为9 800万元。

示范作用

公司实现年销售收入9 800万元，年收购玉米6 300 t左右，规模化养殖带动周边农户增加种植规模，鼓励农户种植玉米等原料，并以高于市场价格收购，累计带动周边2 000余户，每户可增加收入3 000余元，既为公司提供饲料原料，又提高了农民种植的积极性，带动周边农户致富。

宝祺农业积极推广种养结合养殖模式，以公司为平台，每年举办5～10次畜禽养殖知识培训，提高了养殖专业户的养殖技术，开阔了视野，为周边养殖户无偿提供畜禽养殖、种植方面的技术指导，深受农户好评。与同行畜牧养殖户合作，有机肥料还田，减少化肥施用，确保了种植质量安全，产出的玉米等畜禽饲料原料绿色无污染，进而确保了养殖农户生产产品的质量和安全，有效保护土壤环境安全，带动更多的周边养殖户尽快走上良性循环可持续发展之路。

适用区域和规模

达到养殖用地标准且拥有合适土地与水资源的地区均可适用。

蛋鸡超高层智能化笼养
典型案例

（青岛田瑞生态科技有限公司）

基本情况

青岛田瑞生态科技有限公司创建于2006年，属于民营有限责任公司，位于青岛市即墨区金口镇，占地面积460亩，蛋鸡存栏达60万只，日产鸡蛋20吨，2022年营收近6 000余万元。公司被认定为国家高新技术企业、2010年国家级蛋鸡标准化示范场、2020年农业农村部畜禽养殖标准化示范场、山东省农业产业化重点龙头企业。公司生产的“田瑞”牌鲜鸡蛋，以品质优、营养丰富而著称，2008年公司被青岛奥帆委指定为“食品供应定点企业”、2018年上合组织青岛峰会畜禽产品专供、2019年中国人民解放军海军70周年活动“食品供应定点企业”。

主要做法

养殖设施

12层超高层层叠式蛋鸡养殖设备

◆ 特点

（1）采用H型叠层鸡笼，由鸡笼和笼架、行车喂料系统、清粪系统、集蛋系统、饮水系统、配电系统等组成。

（2）单栋面积1 800 m^{2}的鸡舍可饲养蛋鸡15万只，且仅需配备1名饲养员。

国内首家6列12层单栋存栏15万高标准化鸡舍

（3）在大幅度提高养殖量的同时，保障每只鸡的活动空间达到494 cm^2，比行业水平提高了9.7%。

（4）每平方米最大饲养量可达85只，比行业水平提升了214.81%，土地利用率提高了3倍。

◆ 性能及用途

实现蛋鸡养殖自动喂料、自动供水、自动清粪、自动喷雾、自动集蛋等一系列自动化运行，实现立体化、高效养殖。

生产工艺

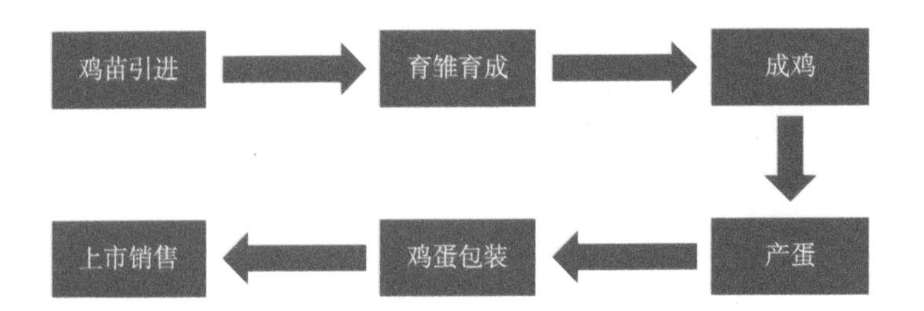

叠层鸡笼：采用 H 型叠层鸡笼，由鸡笼和笼架、行车喂料系统、清粪系统、集蛋系统、饮水系统、配电系统等组成，蛋鸡养殖实现自动喂料、自动供水、自动清粪、自动喷雾、自动集蛋等一系列自动化运行，实现立体化、高效养殖。

智能环控系统：鸡舍采用双层保温隔热材料建设，通过养殖全过程的物联网数据采集、数据存储、数据分析，应用先进的人工智能养殖算法，对环控设备自动控制，实现了对鸡舍环境的最优控制，舍内温度与湿度恒定，空气清新，环境舒适。

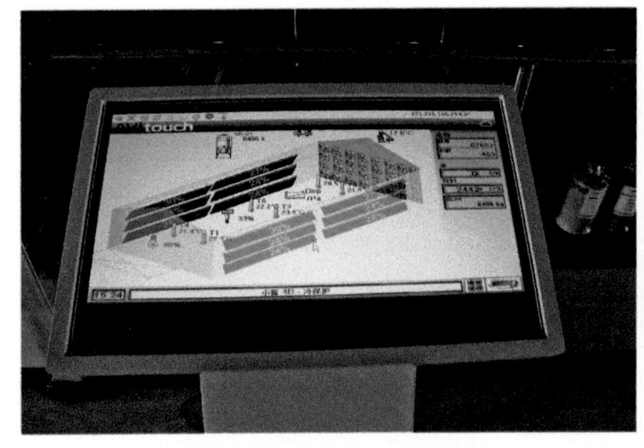
鸡舍环境远程监控系统

智能化负压通风系统

自动喂料系统：配备玉米、豆粕等饲料原料存储塔，通过全自动饲料机组，根据不同日龄、不同配方自动配料粉碎，通过中央供料系统输送至鸡舍配备的料塔，按照设定时间和饲喂量，自动启动喂料装置，精准饲喂。

自动供水系统：饮水经反渗透净化处理，通过管线进入鸡舍水线，使用乳头式饮水器供水，实现自动清洁饮水；水线中安装有电子流量传感器，实时记录饮水量。配备水线加药机，实现自动饮水加药功能。

自动光照调节系统：通过自动光控装置，根据鸡的日龄和生长状态，设定光照时间，保持每日稳定的光照时间，促进对营养的良好吸收，维持良好发育状态。

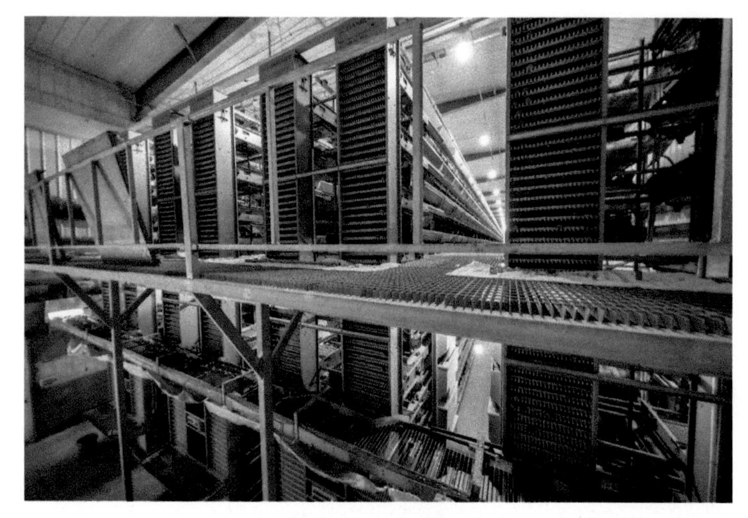

蛋鸡舍内鸡蛋系统

自动清粪系统：通过清粪带每日清晨进行自动清粪作业，将鸡粪运送至舍外粪场，加工为有机肥料，减少人工成本，降低鸡粪对鸡舍内环境的影响，保持空气清洁度，减少粪便潜在病原在鸡舍扩散、减少有害气体引发的呼吸道疾病。

自动集蛋系统：通过传送带，将鸡舍内部的鸡蛋传送到鸡舍头端，通过自动捡蛋机，搭配中央集蛋带将各个鸡舍的鸡蛋统一传送至蛋库，实施自动分拣、计量，装箱入库，销售，减少用工。

蛋鸡舍内景

中央集蛋系统

粪污循环利用：利用有机肥生产线，将养殖粪便及种植秸秆等废弃物进行配制，植入发酵菌种，经过 40～50 d 高温发酵、再经过 30～50 d 陈化腐熟，烘干、筛分，加工成优质的生物有机肥。蛋鸡粪便经生物发酵、除臭，加工成富含养分的有机肥，用于苗木种植和农田施肥，农作物又为蛋鸡提供饲料，打造出一条“饲料—鸡粪—有机肥—农作物—饲料”的闭合生态链，实现了种养结合、资源循环利用。

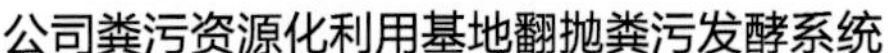
公司粪污资源化利用基地翻抛粪污发酵系统

公司粪污资源化利用基地翻抛粪污发酵系统

主要成效

1. 节约资源

鸡舍采用双层保温隔热材料，利用新型环境控制技术，实现了舍内环境精准调控，鸡舍内温度夏季保持在 26℃、冬季 20℃、春秋季 22℃，为蛋鸡生产创造了适宜的环境，可降低料蛋比 0.2 以上，平均每只鸡多产蛋 1 kg 以上。同时，全封闭管理降低了生物安全风险，提高了蛋鸡整体健康水平，蛋鸡死亡率下降 5%。

2. 提高效率

采用国内外先进的智能化、自动化成套养殖设备，实现了从蛋鸡喂料、饮水、调温到检蛋、装箱、入库全程智能化、自动化操作。一栋存栏 15 万只的产蛋鸡舍，用工由十几人降为一人，既提高了工作效率，又降低了人工劳动不可控因素对生产的影响。

3. 绿色低碳

目前，田瑞生态养殖基地拥有 40 万只蛋鸡养殖基地及 20 万只育雏基地，日产粪污量 35 m^3。公司拥有生态种植园 300 亩，主要种植果树、花卉、草莓等；建设了年产 3 万 t 生物有机肥加工厂一座；通过利用公司养殖产生的粪污及农业种植产生的秸秆等废弃物，加上收集周边养殖户及定期收购周边村庄废弃秸秆，利用先进生物技术对粪便和秸秆进行降解除臭、混合发酵，加工成富含多种营养素的有机肥，直接用于苗木种植和农田施肥，农作物为蛋鸡提供饲料，成功打造出一条“饲料—鸡粪—有机肥—农作物—饲料”的闭合生态链。

4. 经济效益

目前，田瑞生态养殖基地拥有 40 万只蛋鸡养殖基地及 20 万只育雏基地，日均产鲜蛋约 20 t，按 2023 年均价 10 元 /kg 计算，年营收约 7 300 万元；年均出栏青年鸡约 80 万只，年营收约 2 400 万元，综合年营收达 9 700 万元。

示范作用

1. 示范带动方式

公司拥有 3.5 万 m^2 的现代化鸡舍，集育雏、育成、产蛋于一体，年育雏育成 200 万只，每年可为 100 余家农户提供育雏蛋鸡 200 余万只；公司日加工饲料 80 t，在饲料原料采购上，通过村委会与周边村镇 2 300 家农户签订长期粮食收购合同，年收购玉米 1.5 万 t 左右，结算资金 3 000 多万元，同等质量合同价格高于市场价 10%。

2. 示范带动成效

公司以同等质量、合同价格高于市场价 10% 收购周边村镇 2 300 家农户的玉米，可为每户增加收入 1 000 元。同时公司还对其玉米秸秆进行回收，每年为其增收 2 330 元。公司采取此种模式共计带动 3 210 户增收。此外，公司积极扶持、带动周边养殖户发展，免费提供技术指导服务，每年为周边养殖户提供疫病防治服务达 30 万只。通过这种模式，与 240 户养殖户结成帮扶关系，促进了其发展，也融洽了与周边群众的关系，为企业自身创造了良好的发展环境。

适用区域和规模

适合单栋万只以上的养殖规模，全国各蛋鸡养殖区均适用。

肉鸡生态发酵床养殖
典型案例

（青岛九联集团股份有限公司第 64 养殖场）

基本情况

青岛九联集团股份有限公司第64养殖场始建于2010年，位于青岛莱西市沽河街道办事处早朝村，占地面积78 660万 m^2（117.98亩），建筑面积32 756.4m^2，总投资2 207万元，现有员工24人。目前已建设18栋标准化鸡舍，每栋鸡舍面积471.8 m^2，单栋鸡舍可饲养肉鸡20 000只，存栏量约为36万只，年出栏无公害商品肉鸡约200万只。

养殖场为出口备案肉鸡养殖场，被青岛市认定为无公害农产品产地；生产的产品被农业农村部农产品质量安全中心认定为无公害农产品。该场地势干燥、背风向阳、开阔平坦、隔离条件良好；周围1 000 m范围内无村庄、动物饲养场、集贸市场、屠宰厂及其他污染源；远离交通要道，水源充足，水质符合国家饮用水卫生标准。

主要做法

设施设备

1/自动温控系统

◆ 特点

鸡舍内安装自动温控系统，对鸡舍温度自动进行调控。自动温控系统包括环境控制仪、风机、温度传感器、湿帘以及加热器、报警器，能够根据舍内温度自动进行风机开启关闭、湿帘开启关闭等操作，使鸡舍温度始终保持相对稳定。

风机1

风机2

◆ 性能及用途

（1）当室温高于设定温度时，湿帘自动开启，进行阶段性工作，室温降至回差值以下时，湿帘关闭。

（2）当室温高于设定温差时，喷雾自动开启，室温降至回差值以下时，喷雾关闭或自动进行阶段性工作（不论室温高低）。

（3）地暖锅炉具有冬天防冻功能，可选择联动控制开关锅炉，还可设定炉温高低温报警。

（4）风机为变频风机，可设定最低转速与最高转速对应的温差。

（5）可以灵活选择 3 个灯光开关时段。还可以依据现场情况调节亮度以及渐亮或渐灭的时长。

（6）设定一个高温、一个低温温度差值，超过设定值就报警提示。

2 / 生态发酵床

◆ 特点

肉鸡第 64 养殖场建成 18 栋肉鸡养殖鸡舍，其中 14 栋采用生态发酵床模式进行饲养，发酵床制作技术简单且高效。

主要分垫料准备、混匀铺床、启动发酵 3 个步骤。选择南方透气性好、当年、整齐度好的稻壳作为垫料，保证垫床舒适性，将稻壳均匀铺设在鸡舍地面上，正常高度 10 cm 左右，鸡与垫料接触后，可以使有益菌在消化道增值，减少鸡粪分解过程中氨气的产生，鸡只出栏后，需要对鸡粪垫料混合物破碎、疏松翻动和补水，水分调整到 60%～70% 的状态后，进行堆积发酵。此时的发酵温度将高达 70℃，可杀灭垫料中的有害菌和病毒。

◆ 性能及用途

（1）鸡舍内氨气浓度降低 30%～50%。

（2）降低能源消耗，饲养期内可保持相对恒定的温湿度。

（3）环境得到改善，鸡场内无苍蝇，无污水排放。

（4）养殖成活率提高、用药成本等得以降低。

生态发酵床养殖

发酵床近照

3 / 肉鸡笼养系统

◆ 特点

公司正在逐步对鸡舍进行改造，采用四层笼养方式，配套自动饮水设备、自动上料设备、自动清粪设备，实现立体自动化养殖。目前已完成 4 栋鸡舍的改造工作。

笼养鸡舍

◆ 性能及用途

（1）实现智能养殖。实现环境控制自动化、粪便清理自动化及喂料、饮水自动化。

（2）增加饲养量。四层笼养后单舍存养量实现倍数增长，实现了整体饲养能力的提升。

（3）降低养殖异味。自动清粪系统定时将鸡粪清理运出鸡舍，鸡舍内基本无异味。

料塔

笼养鸡舍

生产工艺

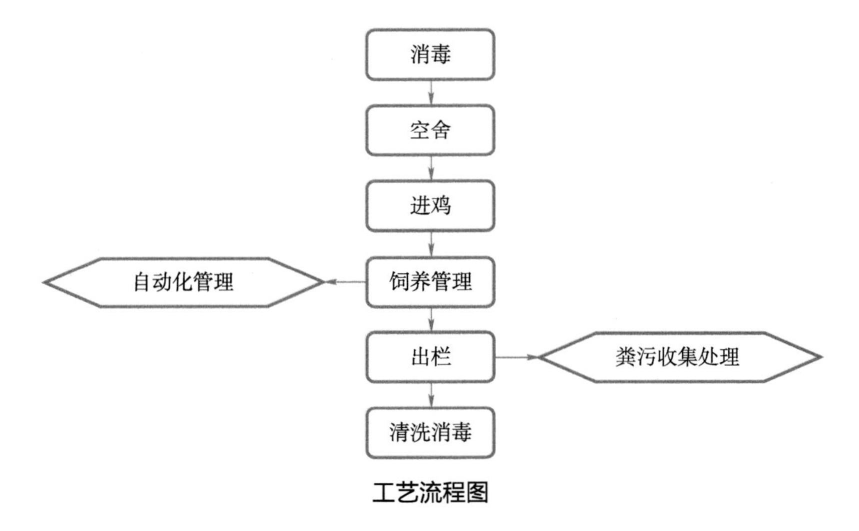

工艺流程图

全场采用全进全出模式，饲养品种为罗斯 308 或科宝 500，每批饲养周期 40～45 d，空舍 15～20 d，年均饲养 6 批。

生态发酵床养殖技术：14 栋鸡舍采用生态发酵床模式进行饲养。生态发酵床能够通过有益菌作用减少粪便分解过程中氨气的产生，降低氨气浓度和养殖异味，有效降低肉鸡养殖对环境的影响。

立体养殖技术：4 栋鸡舍已经完成立体笼养的改造，改造完成后，鸡舍养殖密度增加 1 倍。立体笼养同时配备了自动喂料和饮水设备及自动清粪机，实现了自动化养殖，鸡舍异味大大减少。

自动环控技术：鸡舍全部配备自动环控设备，设定预警值，并根据鸡舍实际温度实时开启风机、湿帘、地暖锅炉等对温度进行调节，使鸡舍始终保持适宜的环境条件，减少鸡群应激发生。

养殖粪污处理技术：鸡出栏后，将鸡舍内鸡粪通过污道、转运车辆运往有机肥加工车间，将鸡粪、稻壳等按一定比例进行预混合，再加入发酵菌，利用有机肥加工机械设备对其进行翻抛发酵，好氧发酵 20 d 左右。发酵后在车间内晾晒区进行自然晾干等一系列后续加工后，可以直接施于农田、大棚等。

主要成效

1. 提高效率

养殖场改造全面完成后，实现智能饲喂，饲养员人均养殖肉鸡 20 000 只，大幅度

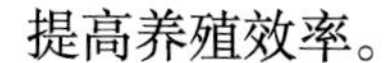

提高养殖效率。

2. 节约资源

在肉鸡出栏后，生态发酵床经过一段时间的发酵处理，即可作为有机肥料进行还田利用，肉鸡养殖产生的废弃垫料实现了全量循环利用。笼养改造完成后，自动化饲养方式实现了精准饲喂，有效减少饲料及水资源的浪费。

3. 绿色低碳

无论是使用生态发酵床养殖还是笼养，肉鸡生长过程中产生的粪污均能及时进行发酵处理，既可以减少鸡粪长期在鸡舍内堆积产生的氨气、二氧化碳、硫化氢等气体，也能够降低肉鸡养殖对周边环境的影响。

4. 经济效益

在笼养模式下，单栋舍肉鸡存养量由 2 万只增加到 4 万只，精准化饲喂实现每只肉鸡养殖利润增加 0.5 元，单场年均增加经济效益 210 万元。

示范作用

肉鸡第 64 养殖场高效生态发酵床饲养模式简单高效、环境优化、生产安全、管理先进，形成了具有示范带动作用的畜牧业绿色高质量发展示范基地。利用微生态制剂改善鸡群肠道健康，提高饲料利用率，减少粪便及其养分排泄和臭气的产生，减少抗菌药使用，达到减抗效果。将饲料利用效率提高 4%～5%、示范鸡群粪尿氮排泄量减少 20%～30%、磷的排泄量减少 50%～60%。如平均每批鸡每栋舍产 60 m^3 稻壳粪，该养殖场具有 18 栋鸡舍，按每年 7 批次计算，一年共产生稻壳粪 7 560 m^3（$18 \times 60 \times 7=7\ 560$）。

适用区域和规模

适用于所有区域年出栏 20 万只以上的肉鸡养殖场。

肉鸭自动化高层笼养
典型案例

（青岛鑫光正牧业有限公司）

基本情况

阁北头肉鸭养殖示范基地位于青岛平度市白沙河街道阁北头村，由青岛鑫光正牧业有限公司总承包建设。该养殖示范基地总占地面积约 129 194.3 m^2，养殖建筑面积约 38 618.1 m^2，包括 27 栋标准化鸭舍及 12 台空气源热泵机组等配套设施，鸭舍单栋建筑面积为 1 430.3 m^2，采取四层四列养殖模式，是青岛市范围内规模最大的自动化肉鸭养殖示范基地。可实现存栏量 94.5 万只，年出栏量逾 700 万只，年产值突破 11 200 万元。

主要做法

设施设备

1 / 节能鸭舍

◆ 特点

（1）结构用钢量小，全栓接结构，建设简单高效，镀锌管材框架耐腐蚀，内外封彩钢板，板主体框架无接触腐蚀性物质，具有较长的使用寿命。

新建鸭舍

（2）双层保温复合无冷桥，减少能源消耗。

（3）舍外配置 144 m^3 粪池和污水池，对粪便和污水干湿分离、厌氧发酵处理后还田利用。

◆ 性能及用途

具有良好的隔热、密封性能，有助于维持适宜的养殖环境、更加节能环保，建筑整体热负荷小于 120 kW，墙面内板铺设更利于洗消，减少病原藏匿，利于肉鸭养殖安全。

2 / 笼具系统

◆ 特点

（1）主体框架采用 275 g 热镀锌板一次成型，防锈能力强，笼网采用热镀锌工艺，使用寿命达 15 年以上。

（2）每平方米可养殖 60～65 只鸭，大大节省了占地面积。

（3）笼门为全开启结构，抓鸭时降低鸭只损伤率，便于操作。采食网采用金属卡扣，牢固不易损坏。采食网调节板使用定制的挂钩固定，单手即可调节，操作方便。

（4）底网均采用 ϕ3 mm 的锌铝合金丝焊接而成，抗腐蚀能力经过严格的盐雾试验检测，避免了采用普通黑丝热镀锌处理后造成的流锌、飞边、表面不光滑等对肉鸭造成伤害的问题。底网支撑采用 1 寸[①] 圆管支撑，结构强度高，材质为整体热镀锌圆管，壁厚 1.5 mm，耐腐蚀，不影响落粪和清理，后期维护方便。

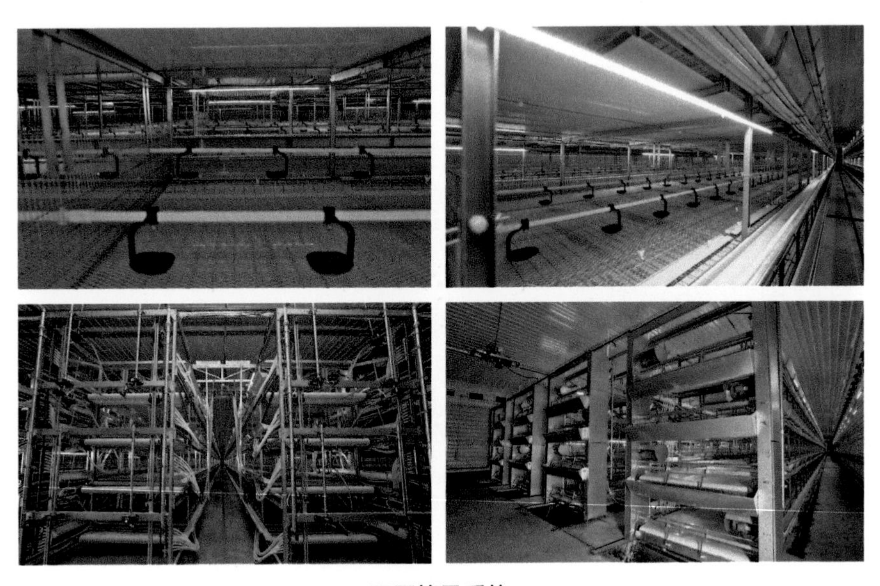

四层笼具系统

◆ 性能及用途

肉鸭笼养能够充分利用鸭舍空间，增加饲养密度，提高单位面积的产量，更适合使用机械化设备，减轻劳动强度。节省 10% 左右的饲料成本，日粮营养吸收完善，采食均匀，出栏时间缩短到 40 d 左右。笼养完全在人工控制下，受外界应激小，可有效预防一些传染病和寄生虫病。

3 / 空气能系统

◆ 特点

可与风机盘管、地暖等末端配套使用，实现了系统智能化，温度可以随着肉鸭养

① 1 寸约为 3.33 cm，全书同。

殖需要的不同温度进行调节，采暖温度均匀，在不同的环境温度下，始终保证采暖系统稳定运行，给肉鸭养殖提供了一个舒适的生长环境。

◆ 性能及用途

在平均温度为 −5℃的环境下，空气能只消耗极少的电能，就能吸收空气中大量的低温热能，经过压缩机的压缩，变成高温热能，产生超过 3 kW · h 电以上的热量，节能效果达到 75%。耗费少量电能将从空气中吸收的低位热能转化为高位热能，不会产生任何固体、气体排放物，环保无污染。

空气能机组

生产工艺

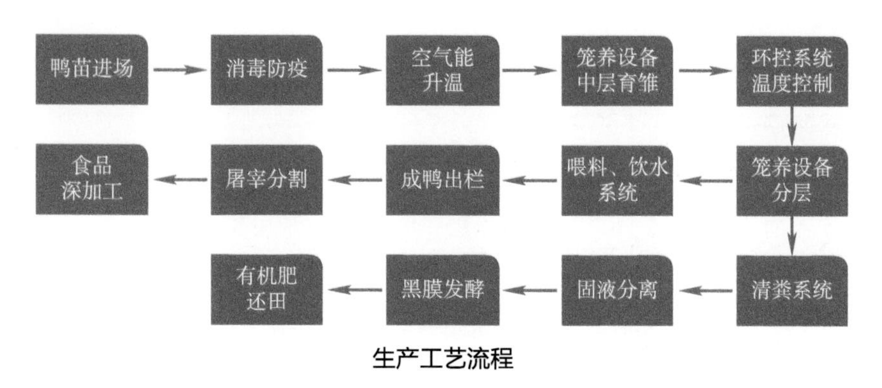

生产工艺流程

智能环控：系统能够实现自动加热、降温、通风以及故障报警功能。保障多养殖舍控制参数一致性，调控决策准确性。通过可信数据分析对比，获得准确的优化调控方向，系统能够采集水、电、料等数据，提供实时监测和记录，方便管理和决策。

自动清粪：系统采用 PP 洁净粪带，通过刮板、绞龙配合将粪输送到舍外粪池，无须人员参与，定时集中化清理舍内积粪，保障舍内环境安全，降低人员劳动力。

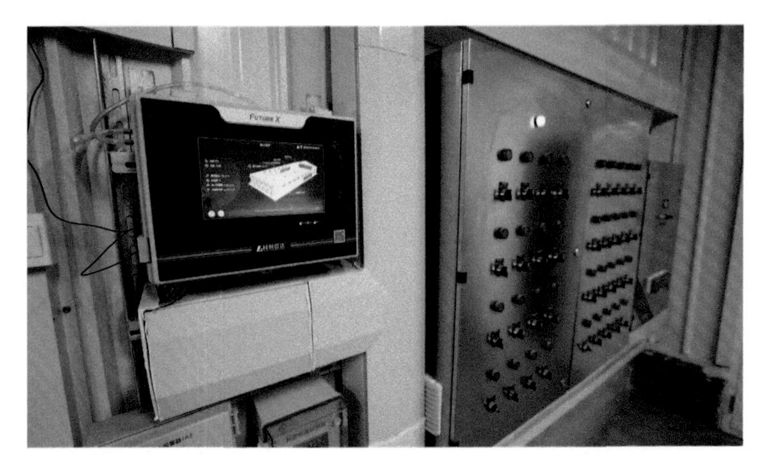

环控设备

自动喂料：系统能够自动投放饲料，减轻了养殖者的劳动强度，提高了养殖效率。具备定时定量喂养功能、称量功能，能够精确控制每次投放的饲料量，确保鸭群按时获得适量的能量供给，有助于提高生长效率。通过食槽喂养保障饲料利用率，降低饲料损耗。

自动饮水：系统采用自动化技术，能够自动完成鸭舍内的饮水和药物投放，减轻了养殖者的劳动强度。采用自动药泵控制药液浓度，能够准确控制饮水和药物的投放量，确保鸭只获得适量的水和药物，有助于提高养殖效益。饮水嘴封闭式系统设计注重卫生环保，防止污染饮水，保障养殖安全。可以通过系统监测、记录饮水和药物的使用情况，实现精细化管理，为养殖者提供科学的数据支持。

主要成效

1. 提高效率

充分利用鸭舍空间，增加饲养密度，提高单位面积的产量，在保证通风的情况下，一般每平方米饲养 60～65 只，若分为 4 层，则每平方米可饲养 240～260 只。笼养可减少鸭舍和设备的投资，减少清理工作，还可以采用机械化设备，减轻劳动强度。小群饲养，环境特殊，通风充分，日粮营养完善，采食均匀。

2. 节约资源

出栏时间缩短到 40 d 左右，节省 10% 左右的饲料成本。

3. 绿色低碳

空气能消耗极少的电能，吸收空气中大量的低温热能，通过压缩机的压缩变为高温热能，在平均气温为 -5℃的环境温度下，每耗 1 kW · h 电，可产生 3 kW · h 电以上的热量，节能效益达到 75%，而在 -20℃的环境下，消耗 1 kW · h 电，也可产生

2 kW・h 电以上的热量。符合政府环保的要求，不产生任何有害的污染物。

4. 经济效益

单栋肉鸭养殖房舍每年出栏平均为 7 批，每批出栏约 35 000 只，每只肉鸭平均盈利约为 2 元，单栋肉鸭养殖舍每年可创造约 49 万元收益。

示范作用

公司在青岛平度阁北头村配备了 600 亩的养殖实验基地、畜牧养殖全屋系统展厅及年出栏 700 万只的智能化养殖园区。此养殖园区是国内智能化程度较高、养殖规模较大的肉鸭小区，此园区的建设能够提高平度乃至全国肉鸭养殖标准化、规模化水平，同时向社会提供新的劳动就业机会，促进农民科学养殖致富，提升并带动相关行业的发展。

适用区域和规模

养殖规模：在一定区域范围内，1 个或 1 个以上养殖单元按照统一规划、统一品种、统一饲养标准、统一免疫程序的方式进行肉鸭生产，并实行全进全出制度。

场地选择：场地应符合当地发展规划及土地利用规划要求，选择建在地势高燥、向阳背风、排水方便、符合防疫要求的地方。周围 3 km 内无化工厂、矿厂等污染源，距其他畜禽饲养场 0.5 km 以上，距干线公路、村镇居民区 0.5 km 以上，尽量避免建在交通要道旁。

建设布局：场区建筑布局应分为生产区、管理区和附属配套区，周围筑有围墙或防疫沟，并建有绿化带。生产区设有鸭舍、更衣室、消毒室、饲料储藏加工室、仓库等。严格执行生产区、管理区、附属配套区相隔离的原则，人员、禽和物品运输采取单一流向，防止污染源疫病传播。

奶牛数智化养殖
典型案例

（青岛荷斯坦奶牛养殖有限公司）

基本情况

青岛荷斯坦奶牛养殖有限公司注册成立于2013年，注册资本1 000万元，牧场位于青岛市莱西望城街道办事处曲家屯村西，占地面积325亩，牧场于2016年初正式开始动工建设，并于2017年8月底正式投产。公司为设计养殖规模3 500头的现代化奶牛养殖场，已建设单体7 000 m^2奶牛养殖牛舍7栋，面积3 800 m^2，集奶牛发情监测、反刍监测、在线实时乳电导率监测等世界最先进的以色列SCR80位转盘式挤奶厅1座，500 m^2的以色列SCR2×19并列特需奶厅1座，牛粪固液分离及有机肥加工体系1处，有机粪肥种植试验田4 700亩。同时，牧场牛舍全部配备自动通风喷淋系统，采用荷兰郁金香24 m^3 TMR+司达特25 m^3全混合日粮加工配送车，拥有6 000 m^2精、粗饲料存储加工车间，50 000 t全株玉米存储场地。

青岛荷斯坦奶牛养殖有限公司是目前山东半岛地区养殖规模最大，设施配备最完善，智能信息化最高的奶牛养殖场。公司于2019年获得第一批"山东省智慧畜牧应用基地"称号，另外还获得"山东省优秀奶牛养殖示范场""山东省优质奶源基地""振兴山东奶业十佳规模化牧场""山东省级结核病净化场""中国良好农业GAP认证牧场"及"国际SQF食品质量安全认证牧场"等称号。

主要做法

养殖设施设备

1/饲料推送机器人

◆ 特点

（1）自动推料。自动沿饲料通道移动推送饲料，机器下部的地面驱动式旋转表面将粗饲料推向饲料栅栏。

（2）充电方便，节省燃料成本。可安装在墙壁上或饲料通道地面的充电站充当每个喂养路线的离开和到达点，充电快速而又轻松，电机每年只需102 kW·h，与拖拉机或铲车相比可节省大量燃料成本，并且显著降低牛舍的CO_2排放量。

（3）适应性广。不太需要进行牛舍改造，几乎任何类型的牛舍都可以使用。

（4）防碰撞。配备了碰撞检测器，碰到障碍立即停止前进。

◆ 性能及用途

（1）不间断配料。通过定期推送饲料，让饲料始终处于奶牛能接触到的位置。

扫料机器人

（2）最佳饲料摄取量。机器人沿各种路线每周 24 h × 7 d 全天候工作，其推送饲料的声音可诱使奶牛来到栅栏前进食，从而达到最佳饲料摄入量。

（3）节省人工。人工往往是整个日间和夜间让饲料保持在奶牛可进食范围内的限制因素。以每天 3 轮、每次 10 min 的饲料推送计算，自动饲料推送器每年至少可节省人工 180 h。

2 /智慧奶厅

◆ 特点

智慧奶厅是集 SCR80 位转盘式挤奶厅、无线发情反刍项圈、手持终端为一体的智能化管理系统，能够实现挤奶、发情监测、反刍监测、在线实时乳电导率监测等多种功能。智慧奶厅挤奶清洗效果好，能够提高牛奶质量，挤奶员可站立工作，工作舒适省力，节约了建筑费用和占地面积，更便于牛群管理。

智慧奶厅

◆ 性能及用途

（1）提高挤奶效率。每小时可完成 450～500 头奶牛的挤奶工作，全场奶牛挤奶仅需 4 h × 3 次，相较于人工挤奶效率大大提高。

（2）提高管理精准率。项圈结合 SCR80 位挤奶机固件，对奶牛产奶的指标进行监测，每头牛每天产奶量多少，牛奶电导率多少等；多个指标相结合对每一头成母牛进行综合的健康与产量的分析，有效提高管理精准率。

（3）提供带刺激按摩的可自定义设置的脉动技术。设备配套的脉动器在高频率（300 PPM）运动，能够按摩乳头并刺激牛奶流速，如果在 30 s 内没有出奶，可以手动或者自动刺激持续 30 s 或直到奶流出。

（4）警报监控系统避免操作失误。LCD 屏幕用于奶厅实时显示警报，数据终端用于查询和输入数据、挤奶点奶量和警告显示，奶厅状态指示灯实时指示奶厅运行状态，当操作失误时及时发出警报，便于及时检查纠正。

3 / TMR 饲喂系统

◆ 特点

包括两台 TMR 撒料设备、两套精准计量设备、四套数据传输设备和一套精准饲喂软件。采用荷兰郁金香 24 m^3 TMR+ 国科司达特 25 m^3 TMR，采用上海科湃腾牧场奶牛精准饲喂软件，实时对牧场 TMR 制作、运输、投放进行在线监控，保证奶牛所采食的每一口饲料都精准、统一、营养全面。

TMR 撒料机

◆ 性能及用途

（1）精准饲喂系统类似牧场饲喂管控大脑，发送指令给 PLC 系统、水控制系统、糖蜜控制系统、铲车驾驶员、撒料车驾驶员，剩料收集驾驶员，并实时收集信息和发出告警，从而确保牧场的投料和发料误差在 3% 以内。

（2）降低撒料失误率。通过安装物联网终端，在撒料过程中发生撒料量错误或撒料位置错误，操作人员会实时收到系统警告，有效降低撒料失误率。

（3）实现节本增效。这套系统可为牧场节省饲料，提高饲喂精准度，每年增加牧场利润超 50 万元。

生产工艺

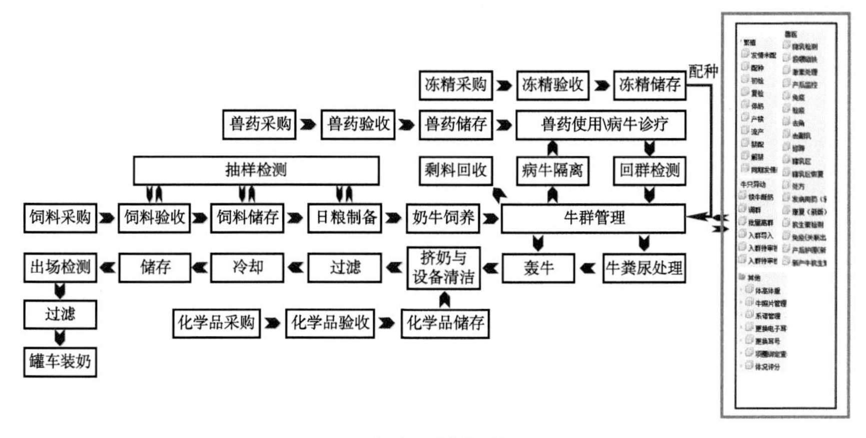

生产工艺流程

自动通风设备：根据舍外温度适时开启风机，并配备喷淋系统，夏季自动对奶牛进行喷淋降温。

全日粮精准饲喂系统：配套建设的青岛福润达动物营养有限公司为不同年龄段的奶牛订制全价精饲料，与国内知名的上海光明牧业咨询管理公司、北京新牛人牧场管理公司等合作，为牧场奶牛设计专业的日粮配方，采用上海科湃腾牧场奶牛精准饲喂软件，实现精准饲喂。配备撒料车，定时投放饲料；配备的扫料机器人每周 24 h × 7 d 全天候进行扫料，有效减少了饲料浪费。

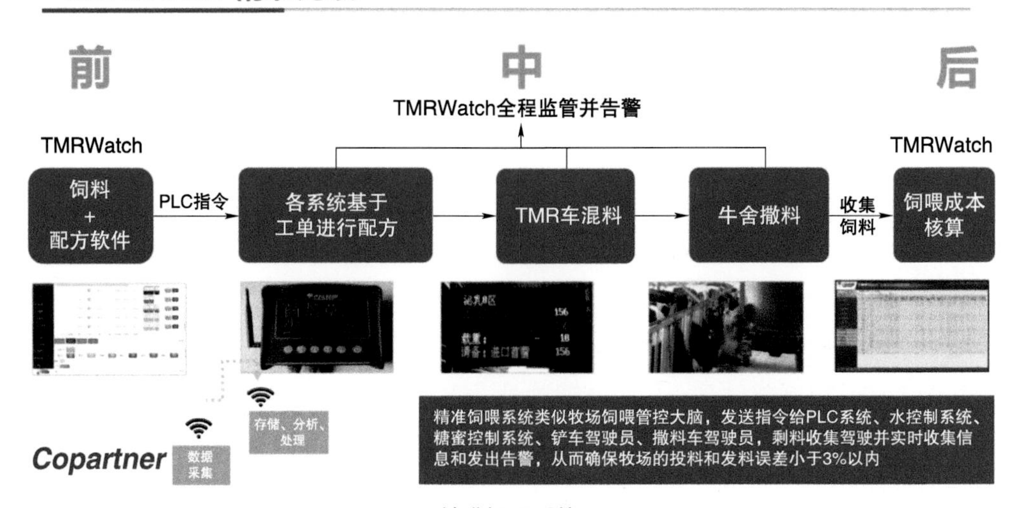

精准饲喂系统

奶品收集：配有以色列 SCR80 位转盘智慧奶厅，每小时可完成 450～500 头奶牛的挤奶。奶厅配套的智能项圈能够及时采集奶量、活动等数据，并及时反馈到管理平台，方便技术人员及时掌握奶牛健康状况、发情情况等，并及时进行诊疗处置以及配种。

奶品储存：投资 90 余万元引进比利时派克牛奶速冷系统，能够自动感知牛奶流量、智能制冰与控制牛奶的冷热交换，可在牛奶挤出后 10 min 内降温到 2～4℃，最大程度上保证了牛奶的新鲜。

粪污处理：配备雨污分离渠道、固液分离系统、集污池、回冲池，配套建设了 2 600 m^2 的晾晒棚、30 000 m^3 的氧化塘，2020 年 6 月公司投资建设年加工 3 万 t 牛粪有机肥生产基地，采用日本进口的发酵菌种和加工工艺生产有机肥，固液分离后的液体部分进入氧化塘，充分氧化分解后用于自有和周边农田灌溉追肥，增强土壤养分，提高有机质含量。牛场配备了 3 700 亩土地，对处理后的粪污进行消纳利用，有效实现了种养结合。2022 年 7 月投产牛粪卧床垫料再生系统。

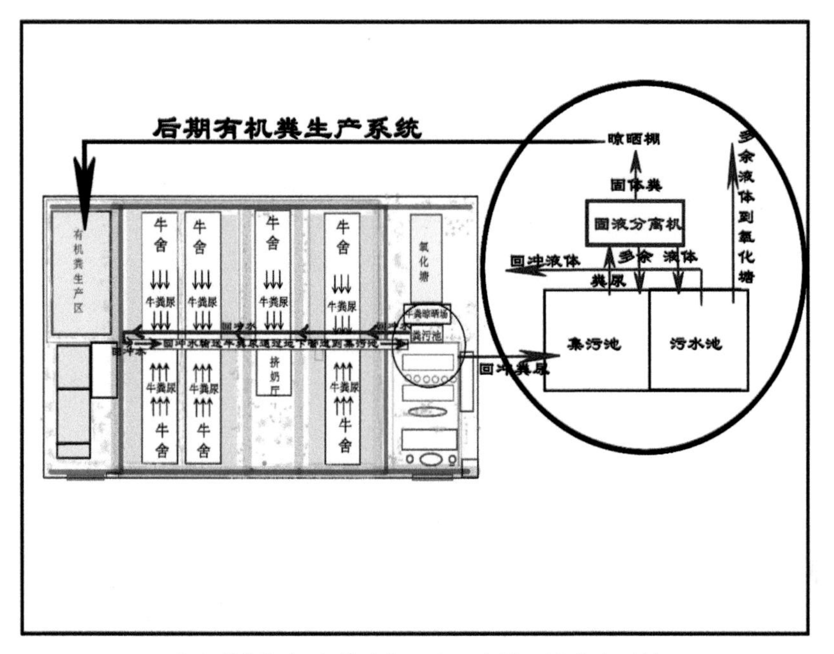

青岛荷斯坦奶牛养殖有限公司牛粪固液分离系统

主要成效

1. 提高效率

通过使用智慧奶厅管理系统、智能化奶牛项圈管理系统，并且对收集的各项数据进行分析使用，可以精确地对每头奶牛的生产、消化、健康以及发情情况进行追踪分析，牧场奶牛养殖总淘汰率控制在 12% 以内，新产犊牛成活率 96% 以上。

2. 节约资源

每年将自身生产 3 万 t 牛粪有机肥还田用于自有土地燕麦、黑麦、玉米青贮的种植，牛奶生产的成本控制在 2.30 元 /kg，并大量减少卧床垫料的消耗，节省牧场开支 200 万元。

3. 绿色低碳

牧场周边无污染源，环境优美，符合相关环保法律法规要求。采用绿色发展的循环农业模式，养殖废弃物处理工艺和技术方法得当，相关设施设备配套齐全且运转正常，实现废弃物资源化利用，病死奶牛全部无害化处理。

4. 经济效益

TMR 饲喂系统保证奶牛所采食的每一口饲料都精准、统一、营养全面，这套系统每年可为牧场节省饲料，提高饲喂精准度，增加牧场利润超 50 万元。

目前，每年有机肥销售额在 2 000 万元左右，净利润约 300 万元；每天的产奶量在

60 t左右，全部供应青岛雀巢有限公司，每千克奶价在4元左右，基本能比其他牧场的牛奶价格高近0.3元，每年多增加牛奶销售收入600余万元。

有机肥加工

牛粪处理

示范作用

通过设施化养殖可有效降低劳动强度，增加奶牛的舒适度，提高产奶量，生产优质牛奶，满足社会需要。实行标准化饲养，采用科学的饲养工艺和完善的疫病防疫、产品追溯、质量监督制度，生产优质、安全牛奶产品，满足日益增长的市场需求。

适用区域和规模

适用于全国所有奶牛养殖基地，适用规模为500～5 000头。

肉兔高效繁育
典型案例

（青岛康大控股集团有限公司）

基本情况

青岛康大控股集团有限公司成立于2000年，是一家集食品加工、生物科技、房地产开发和资本运作等于一体的农业产业化国家重点龙头企业，食品板块于2008年在香港上市。肉兔是康大集团的战略产业，已发展成为中国兔行业的领航者。公司历时6年投资4亿元培育了具有自主知识产权的康大1、2、3号肉兔配套系，并通过国家畜禽遗传资源委员的新品种审定，打破了国外对优良种质资源的垄断，填补了国内空白。康大陡阳山祖代兔场是公司新建成的智能化育种场，场区建成于2019年，位于青岛西海岸新区张家楼街道北安子村，养殖品种为康大肉兔配套系（祖代）。场区建有现代标准化兔舍6栋，配备自动投料、自动饮水、自动环控设备，实现自动化生产、智能化控制，并配套有机肥加工车间及污水处理设施。养殖场现存栏种兔5万只，年出栏种兔15万只，商品兔15万只，年产有机肥1 500 t。养殖场于2020年被评为“青岛市畜禽养殖标准化示范场”，2021年被评为“山东省智慧畜牧应用基地”。

康大1号肉兔配套系——商品代

康大2号肉兔配套系——商品代

康大 3 号肉兔配套系——商品代

主要做法

养殖设施设备

1/家兔高效繁育笼具：自主研发，已获得实用新型专利

◆ 特点

（1）兔笼设置为两层，底层笼子设置两排，顶层为培育笼，底层为产箱连体、可拆卸式。

（2）两层笼子之间设置有粪便排出通道，顶层笼子下设置有导粪板导至排粪沟，底层笼子排泄物直接排至排放沟。

（3）饲养喂食系统经济卫生、自动化程度高、安全可靠。

（4）养殖刮粪机、粪道系统为自主设计，刮粪及时、清理干净、干湿分离。

高效繁育笼具

◆ 性能及用途

（1）有利于母体产仔护理，上下两层也可同时作为培育笼，高效率利用空间。

（2）刮粪机可将粪便统一刮除移走，便于集中处理。

（3）大大改善了种兔养殖环境，有利于通过环境因素对种兔的繁殖周期进行更好的控制。

生产工艺

种兔生产模式采用“四同期”法生产模式，即同期配种、同期产仔、同期断奶、同期转群或出栏。

同期配种：配种前 1～2 d 进行催情，同期配种是整个流程的基础，我们也可以选择每周一对所有符合条件的种母兔进行配种。

同期产仔：配种后的第 12 天即第 2 周的周六，对配种的母兔进行摸胎，挑出没有怀孕的在下周一再次进行配种，已经怀孕的在配种 4 周后的周三至周五即怀孕的第 29～32 天产仔，产仔后根据预留仔兔数量进行逐窝点数、称重、寄养、淘汰。

同期断奶：在产后 35 d，即四周后的周三进行同期断奶。

同期出栏：商品兔按照规定日龄和体重出栏屠宰，适合留种的同时打耳号，公母分开饲养，做好测定记录和留种兔的系谱登记存档。

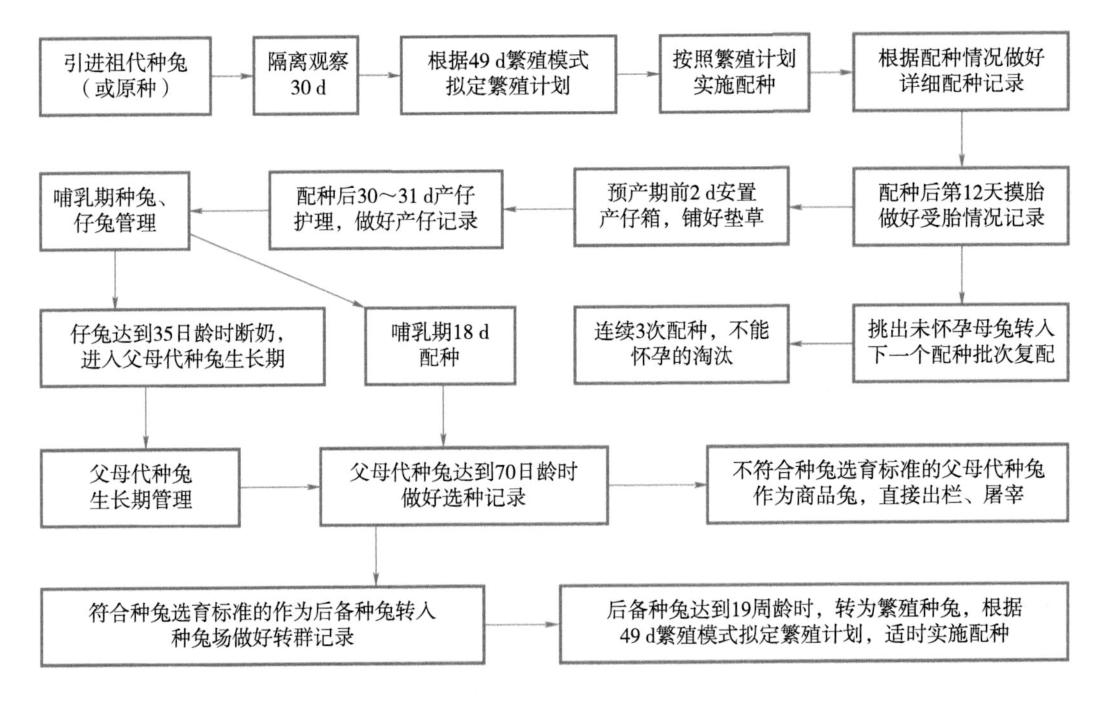

污水处理设施：污水首先进入化粪池，进行初步的固液分离，再经调节池调节后依次排入厌氧池和接触氧化池，经生化处理后的污水再经沉淀池沉淀后流入中间水池，处理后达标排放或再用。外排废水达到《畜禽养殖业污染物排放标准》（GB 18596—2001）标准要求，同时满足《农田灌溉水质标准》（GB 5084—2021）的要求。

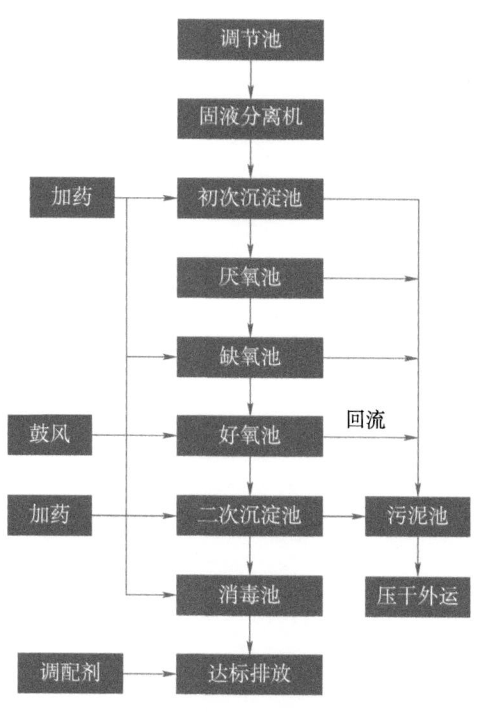

污水处理厂工艺流程图

本项目选用立式封闭发酵罐发酵兔粪生产有机肥，占地少、现场干净、无臭味、无蝇蚊、物理指标控制精确、不受环境影响、运行管理成本低、生产周期短，操作简单、容易实现自动化、规模化生产等优势。项目产品生产以农业行业标准《有机肥料》（NY 525—2021）为依据，严格进行产品质量管理。

有机肥料检测标准

检测项目	限值
有机质，%	≥45
总养分（$N+P_2O_5+K_2O$）的质量分数（以烘干基计），%	≥5.0
pH 值（无量纲）	5.5～8.5
水分，%	≤30
铅，mg/kg	≤50
砷，mg/kg	≤
铬，mg/kg	≤
镉，mg/kg	≤
汞，mg/kg	≤
粪大肠菌群数，MPN/g	≤

有机肥发酵罐

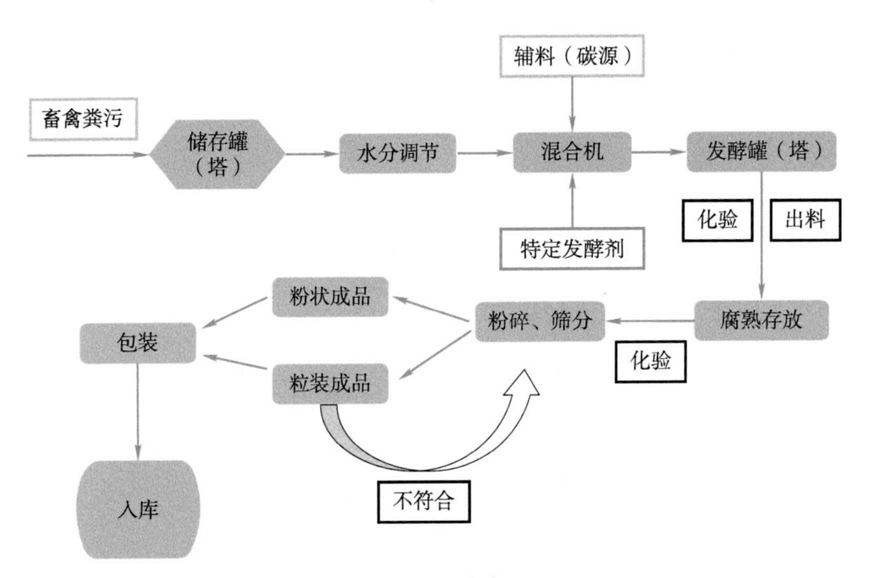

有机肥生产工艺流程图

主要成效

1. 提高效率

养殖兔舍采用自动化喂料及饮水设施，实现种兔标准化、信息化养殖。兔舍内设有温度自动探测和控制装置，实现自动调控性和变化平稳，追求各项环境指标系统性关联协调，达到肉兔生长的最佳生长环境，实现资源节约约4%，年出栏量增加5%。

全自动化投喂设备

2. 节约资源

“三联体密闭式繁育循环育成兔舍”采用完全封闭的繁育环境，并与后备兔培育进行整体组合，采取大群体、小规模的生产模式，小兔舍单独控制环境，采用 49 d 循环繁育模式，每个批次出栏时间 120 d 育成结束，实现种兔集约连续化繁育。

3. 绿色低碳

配套建设有成套的污水处理设备，实现场区生产及生活污水无害化处理，养殖场获得环保局环评批复并通过第三方验收。生物肥加工场实现兔粪的综合利用，生产的优质有机肥料还田利用，改善土壤结构和生态环境，增加土壤养分，提高果品、蔬菜的品质和质量安全，生产绿色食品、有机食品。

4. 经济效益

养殖场主要有祖代种兔、父母代种兔、商品兔、淘汰种兔和有机肥等产品，年均利润 500 余万元。项目年推广优质种兔 10 万套，带动农民增收。公司参与政府扶贫项目，进行技术推广、技术咨询和现场指导等，为实现乡村振兴作出了突出贡献。

5. 其他

养殖场采用人工授精技术及全进全出高效生产技术体系，人工授精实现了养兔成本的大幅降低，实现了繁殖效率的持续提高以及产品的高度标准化，也大幅减少了疾病传播，提高了劳动效率。全进全出生产模式在实现繁殖周期调控技术成熟基础上，对养殖场也进行了创新设计，可以实现兔群同期繁殖、同期出栏，实现兔舍同时清空进行消毒净化，保证兔舍养殖环境持续高的生物安全水平和动物的持续健康水平。该技术在全国的养殖场中得到大力的推广应用，技术水平国内先进。养殖技术推广到吉林、甘肃、福建、新疆等地区。养殖场采用现代信息化肉兔育种与兔场管理系统，通过《现代种兔场育种管理系统》《康大种兔育种管理系统》的使用，大大提升了养殖场的繁殖效率，养殖成本显著减少，并且能在线实时监测养殖场肉兔生长繁殖状况。

示范作用

1. 取得成效

兔场产生的兔粪经过生物肥发酵罐发酵后，生产优质商品有机肥，这些有机肥施入田间、果园、菜园，可以改善土壤结构，增加土壤有机肥，改善生态环境，提高果品、蔬菜的品质和质量安全，生产绿色食品、有机食品，实现种养结合的生态型农业生产经营模式，将推动当地绿色经济的发展。

标准化示范场建成后实现了现代化的标准化养殖，投料自动化，大大节约了饲料使用量，饲料浪费较少，大大提升了养殖效益。同时标准化育种场的建成提升了企业育繁推一体化水平，提高良种覆盖率和良种化水平（良种覆盖率由5.6%提升至10%以上），推进青岛市和山东省乃至全国肉兔产业的健康发展，对增加农民收入及满足市场对种兔日益增长的需要有着显著的社会效益。

2. 示范带动作用

养殖场积极响应国家乡村振兴战略，发挥肉兔养殖方面的优势，种兔参与了甘肃、贵州等地的肉兔产业精准扶贫，带动了当地养殖户增收。肉兔具有投资小、见效快、不与人争粮的特点，推广发展肉兔养殖是实现精准脱贫的重要渠道。青岛康大祖代兔场充分发挥国家级标准化示范场的示范作用，整合人才、技术、资金、渠道等优势，创新探索了“产业扶贫”“合作建设产业基地”和“五统一养殖”等扶贫模式，把企业经营与精准扶贫相结合。

示范场目前已经参与了甘肃陇南、新疆和田、贵州安顺、福建邵武等多个地区精准扶贫工程，为贫困地区提供优良种兔，通过良种推广和养殖技术帮扶，建立产业扶贫基地，解决贫困人员的就业问题，增加农民收入。参与技术推广、技术咨询和现场指导等200多场次，5 000余人次受益，发放各类养兔技术资料1万余份，为实现乡村振兴作出了突出贡献。

适用区域和规模

肉兔养殖适合各种养殖规模，家庭农场、规模化养殖场都可以进行养殖。我国大部分地区均可养殖，适合全国推广。

第三部分

屠宰分割

生猪屠宰智能化管理
典型案例

（青岛新万福食品有限公司）

基本情况

青岛新万福食品有限公司系青岛万福集团的全资子公司，公司下属工厂肉联厂位于莱西市珠海路5号，占地面积170亩，是集生猪收购、屠宰加工、肉品销售于一体的大型肉类加工企业。年屠宰生猪200万头，配套引进国内外先进的生产加工设备，同时配套建设25 000 t的冷藏库及冷链物流中心，配备GPS定位系统的冷链配送车辆100辆，在青岛及半岛地区建设1 600多家连锁销售店，其中在青岛市区有销售门店600多家，本地市场占有率达到35%。实现肉品从生产到销售终端的全程冷链，有效保证了肉品品质。

公司已通过HACCP和ISO9001质量管理体系认证、ISO14001环境管理体系认证和国家监督管理委员会认证认可的出口卫生注册。2019年被农业农村部认定为全国生猪屠宰标准化示范厂，连续多年被评为中国肉类食品行业50强企业、中国肉类食品行业强势企业、青岛市“菜篮子工程”先进单位、青岛市生猪屠宰定点单位、29届奥运会奥帆赛生猪产品定点供应单位、海军节农产品专供基地、上合峰会畜产品专供基地、海军护航编队肉类食品专供单位。所生产的鲜冻分割猪肉产品被认定为无公害产品，并获得青岛农品授权，列入山东省知名农产品品牌目录，被国家质量监督检验检疫总局评为中国名牌产品，图形商标被国家工商总局认定为中国驰名商标。同时，已被中华人民共和国商务部确定为猪肉产品储备库，承担着国家及青岛市“菜篮子工程”肉类产品储备任务。

主要做法

设施设备

1/二氧化碳致晕机

◆ 特点

（1）主要包括赶猪通道、推猪装置、致晕室、出猪装置、皮带机5部分。

（2）屠宰速度快。致晕室可容纳7～8头生猪同时致晕，致晕时仅30 s，

二氧化碳致晕机

能够极大地提高生猪屠宰速度。

（3）对猪的品种、体型大小没有严格限制。

◆ 性能及用途

（1）减少猪的紧张度和人工赶猪刺激造成的应激反应，赶猪效率提高 3 倍以上，同等规模生产线可减少工作人员 2 名以上。

（2）避免屠宰时猪只出血不畅，肉中出现充血或血溅，甚至导致骨折等胴体损伤的现象。

（3）能够实现完全放血，最大限度地减少 PSE 肉（俗称水猪肉）发生，生产的肉产品色泽好，且含水率低，整体品质较高。

（4）保证屠宰操作人员的人身安全。

（5）使猪只在无意识状态下放血，保护动物福利和噪声对环境的影响，减轻劳动强度和适应屠宰线速度。

2 / 青花瓷 BWP 管理系统

◆ 特点

青花瓷 BWP ERP 以“行业管理系统”为核心理念，将系统业务范围定位于集养殖、生产、销售为一体的大中型肉类企业。青花瓷 BWP ERP 全面覆盖禽和畜的养殖链管理、生产管理、供应链管理三大业务版块，建立集团化产业链管理模式，实现业务的全面管理，提升整体运作效率，实现效益最大化。

青花瓷 BWP 管理系统

◆ 性能及用途

（1）提升管理模式。

生猪进厂管理：将收购各方的生猪集成到一起，数据及时共享，简化生猪收购流程，建立科学收购体系。

屠宰车间管理：集排宰顺序、赶猪上线、致晕核数、称重定级、结算付款等单据和各种统计报表于一体，使猪的屠宰流程变为可视化界面，方便操作、简化流程，让整个屠宰加工更加严谨、高效，确保每个供应商之间不串猪。

白条车间管理：集成多种硬件设备，对胴体白条进销存自动化管理，包括白条打码、白条扫码入库、白条转段、分割车间领用、销售出库、库存盘点、白条追溯等以及相关的白条数据分析。

分割车间管理：系统按生产批次统计分割车间的产量，分割品通过传输带传到仓储，仓储扫码入库，实现对分割车间的归零管理。

在线备货管理：销售备货自动化管理实现按规则将销售订单推送到车间配货工作站，系统实现扫码按线路智能分货，配货工人按条码显示线路客户进行分货。降低工人的劳动强度，缩短了备货时间，提高了备货效率。

（2）提高工作效率。从当天宰杀后 1～2 d 才能结算到宰杀完毕即可自动结算（生猪结算）；从原来入库完毕人工统计各个级别头数，到当前入库的同时系统可直接查看各级别头数（白条入库）；从原来车间统计跟踪计划完成情况到每个工位可直接查看单品完工情况（生产计划）。

（3）降低生产成本。实现不再需要人工运输产品和车间现场秩序化再次管理，减少人工成本；实现了库存精细管理；当天产出、入库、配货数据形成差异对比表，及时查找定位差异数量和差异环节，实现现场数据管理。

（4）指导经营决策。

结算分析：通过对生猪级别均价分析指导生猪采购定价。

归零分析：通过对生猪归零、白条归零、分割品归零、备货归零、仓储归零分析，找出漏洞，提高管理水平。

销售分析：通过对客户销量、产品销量、渠道销量、价格趋势分析制订符合公司利益最大化的销售政策。

3 /食品 X 光机

◆ 特点

（1）极好的产品适应性，采用 8 级 TDI（时间延迟积分探测）技术，图像质量高。

（2）可操作性强。配有 15 英寸[①] 触摸显示器，轻松实现人机对话。采用 24 级遗传算法图像处理技术，自带自动学习功能，自动保存检测图片，方便后期分析。

（3）安全防护完善可靠。采用进口射线源，泄漏量满足美国食品和药物监督管理局（FDA）标准、欧洲 CE 认证标准，小于等于 1 μSv/h。具有完善的操作安全点，避免误操作带来的泄漏事故。

（4）环境适应性良好。配置德国进口工业空调，环境温度调节可以达到 -10～40℃。产品通道防护等级达到 IP66，整机构造完全密封，防水及防粉尘。机内配备除湿器，可在 90% 湿度的外界环境正常工作。

（5）拆卸简单清洗方便。

X 光机

食品 X 光机

◆ 性能及用途

在肉品分割后、包装前使用，可进行全方位的异物检测，包括金属、非金属异物（玻璃、陶瓷、骨头、硬质橡胶，硬质塑料等），且不受温度和湿度变化、盐分含量的影响。

4 / 污水处理站

◆ 特点

（1）占地面积 3 000 m^2，主要处理屠宰、分割车间生产废水，待宰圈与生产车间冲洗废水，生活污水等。

（2）污水处理站设计为密闭式，日处理废水 3 000 m^3。

（3）污水站处理工艺为“厌氧酸化 + 缺氧 + 好氧”，废水经厂区污水处理站处理达到《肉类加工工业水污染物排放标准》（GB 13457—1992）的三级标准，最终进入莱西市污水处理厂处理。

① 1 英寸为 2.54 cm。

◆ 性能及用途

（1）强力隔油。利用油与水的相对密度差异，分离去除污水中颗粒较大的悬浮油。含油废水通过配水槽进入矩形隔油池，在缓慢流动时，由集油管或设置在池面的刮油机将浮在水面的油品推送到集油管中，有效去除污水中的油质。

（2）提高废水可生化性。将厌氧生化反应控制在水解酸化阶段，利用水解酸化菌将油脂、蛋白质等大分子有机物分解为易生化的小分子有机物，提高废水的可生化性。与好氧工艺相配合，可达到良好的脱氮除磷及去除 COD 的效果。

（3）有效实现废水脱氮。通过缺氧反应，异养菌将蛋白质、脂肪等污染物进行氨化游离出氨（NH_3、NH_4^+），利用缺氧微生物的作用使水中难降解的大分子有机物转化为较易生化的小分子有机物，使水中的硝酸盐和亚硝酸盐进行反硝化，将 NO_3^-、NO_2^- 还原为分子态氮（N_2），完成 C、N、O 在生态中的循环，实现污水无害化处理，达到废水脱氮的目的。

万福屠宰场污水处理

污水处理站

生产工艺

生猪经官方兽医查证验物进入待宰圈。待宰圈安装了红外测温仪，配套的 WArdenYZ 软件具备同时显示红外可见画面与可见光画面、温度数据采集、记录等功能，通过红外测温仪对每头猪的体温进行检测，综合判定是否健康。体温异常的猪只进行隔离观察，由屠宰厂检验检疫人员会同驻场兽医实地对猪只健康情况进行判定，异常猪只由官方兽医监督处置。

毛猪赶进自动淋浴候宰圈，进行自动淋浴 3～5 min，人工冲刷配合，充分冲洗掉猪体表面的粪便等异物杂质。

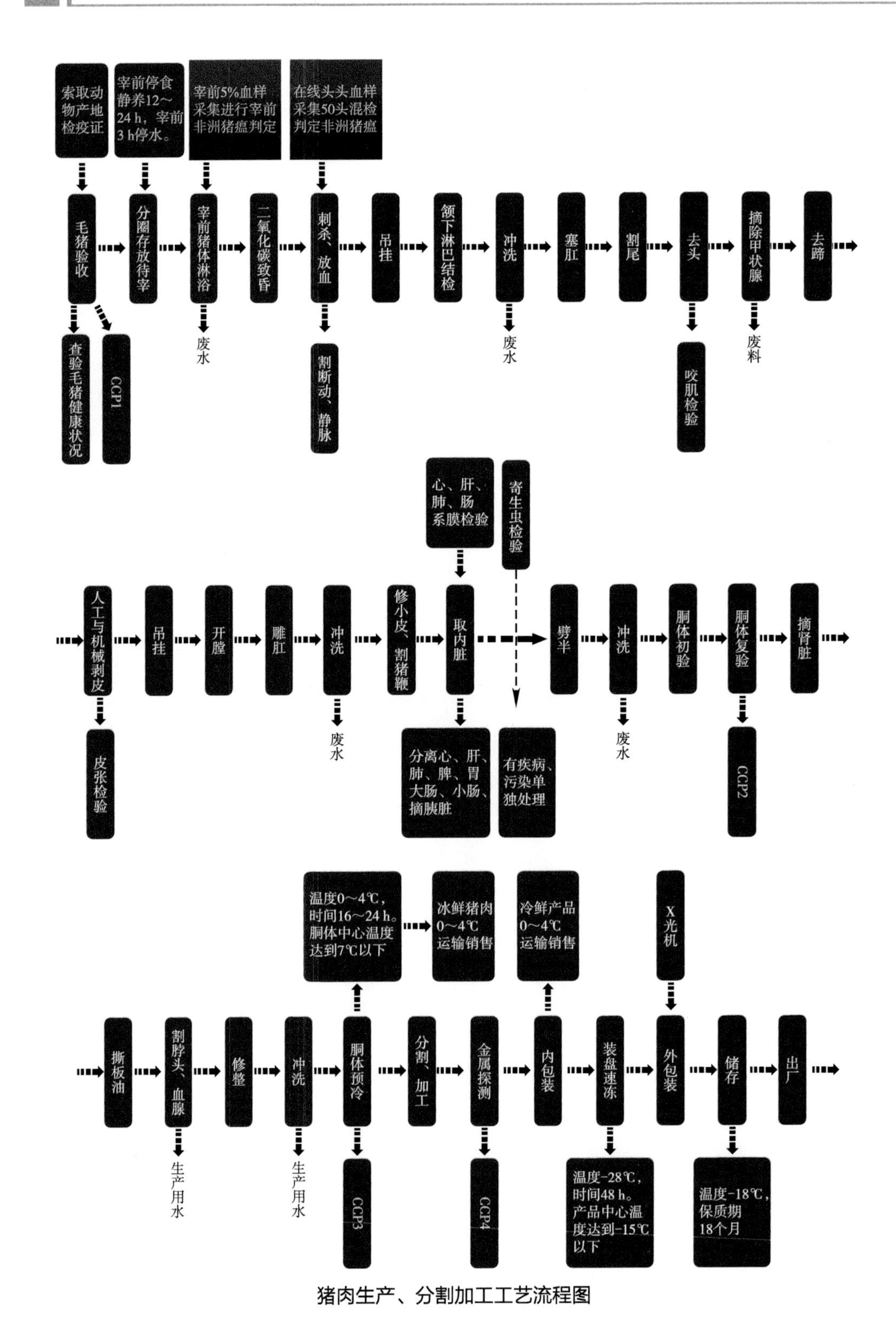

猪肉生产、分割加工工艺流程图

采用动物福利最高级别的二氧化碳致昏技术使生猪在120 s之内失去知觉，毫无意识地进入放血环节，成功实现了生猪的安乐屠宰。放血后的猪体进入自动按摩机进行拍打按摩，使沥血充分。

经过塞肛、去头蹄及摘除甲状腺等环节，先进行人工预剥皮后，再进行机械剥皮。

肉联厂分割车间

猪胴体到达自动淋浴机，胴体自动通过，冲净表面的浮油，然后开膛取内脏、去板油，使用劈半锯将胴体分为两半，去脖头、修整后分级进入预冷间，经分段处理并去膘剔骨，修割完的分割肉按照生产次序分批送入预冷间，预冷间温度控制在 0～4℃，预冷 4～6 h，预冷后的产品中心温度≤7℃，安排专人负责温度的监控。

分割肉在这里逐一进行包装，包装好的各种产品逐块通过金属探测器探测、X 光机探测，车间包装完的产品送入结冻库，结冻库温度要求在 -28℃以下，结冻 48 h，肉的中心温度达到 -15℃以下。

公司的产品实现了可追溯管理。与北京青花瓷软件管理有限公司签署战略合作协议，投资 600 多万元量身打造了青花瓷 BWP 管理系统，在屠宰环节根据系统源头原料科录入的生猪信息生成二维码，然后由专人用打码枪在猪胴体上附上二维码，使每头生猪都有一个身份证明，在每头猪胴体进预冷间前用扫描枪扫描二维码进行识别，把每头猪的信息都录入青花瓷 BWP 管理系统分类分等级识别，猪肉分流到各大超市和市场的摊位和连锁店，客户可根据扫描二维码信息追查到生产单位直至养殖户。

主要成效

1. 提高效率

通过机械化的操作，可以大大地提高生产效率，工人只需在固定的平台进行操作完成屠宰工作，实现连续作业，年屠宰生猪可达 200 万头。

2. 节约资源

对生猪宰杀过程中产生的废水，统一集中回收处理后，用于冲洗生猪运输车辆，每年有效减少水资源浪费 24 万 t。同时，公司利用厂房楼顶的空闲区域安装了 1.4 MW 光伏发电设备，日均发电量 3 500 多 KW · h，全部用于生产，日用电量减少 12%。

3. 绿色低碳

与传统屠宰作坊相比，公司建立了完善的污染控制体系，实施有效的污染防治措施，控制和减少污染物的排放。污水处理厂采取有效的污水处理技术，达到《肉类加工工业水污染物排放标准》（GB 13457—1992）的三级标准后排放，并对生猪屠宰过程中产生的毛发等废弃物采取统一回收处理。

4. 经济效益

2023 年上半年累计屠宰生猪 903 193 头，累计销售收入 15.1 亿元。

5. 其他

公司作为全国生猪屠宰标准化示范厂拥有完备的检验检疫设备和检验制度，能够对肉品农药残留、兽药残留等各项指标进行检测，有效确保了肉品安全。

屠宰流水线

示范作用

带动 150 余辆社会车辆从事饲料、毛猪、冷鲜肉运输，年带动运输业增收 1 500 余万元。安排就业岗位 1 200 余个，有效缓解了青岛市社会就业压力大的问题，增加了城乡居民收入。公司作为青岛市菜篮子工程重点供应商，承担着国家和青岛市猪肉储备任务，在市南、市北、李沧、崂山、城阳拥有 50 个储备猪肉销售点。2021 年完成国家猪肉储备任务 2 300 t，完成青岛市猪肉储备任务 6 500 t，2022 年完成国家猪肉储备任务 8 700 t，完成青岛市猪肉储备任务 3 000 t，有效地满足了市场需求。

适用区域和规模

该屠宰设施适用于日屠宰规模 5 000 头左右的大型屠宰场。

生猪高效屠宰分割
典型案例

（青岛波尼亚食品有限公司）

基本情况

青岛波尼亚食品集团有限公司（原平度波尼亚食品有限公司，以下简称“波尼亚”）成立于2011年8月11日，成立地址平度市东外环路166号，是集生猪的养殖、屠宰、分割、销售、物流配送为一体的专业化生产企业。公司注册资金1亿元，现拥有员工650余人，占地550亩，冷库容量1万t，日速冻能力300 t，设计年屠宰生猪100万头、加工肉制品3.2万t。公司拥有“大泽山”商标，“大泽山”牌谷饲猪为公司的自有品牌。

公司全套引进现代化的生猪屠宰、分割流水线加工设备，并按照欧盟企业的加工卫生标准进行生产，运用机器人劈半技术，三段式冷却排酸技术、先进的冷鲜肉气调保鲜技术；采用德国MUTIVACC公司生产的连续气调包装生产线，可将冷鲜肉进行精细分割。分切成丁、丝、条、片的气调小包装。

公司严格宰前、宰后检疫检验，按照SSOP标准生产加工，已通过食品安全、质量和环境管理体系认证。现有配送车16辆，设有销售网点132个，遍布北京、上海、烟台、潍坊、威海、青岛等地区，日销冷鲜、热鲜肉110余吨。

波尼亚被评为中国农业500强、青岛民营百强、青岛制造业百强、青岛“新一代金花”培育企业、青岛生态猪肉深加工专家工作站、省级标准化屠宰厂、山东省农产品加工业示范企业、省农业“新六产”示范主体、省级重点龙头企业监测合格企业。

主要做法

设施设备

1/三点式托胸自动电击晕机

◆ 特点

三点式托胸自动电击晕机采用单轨带软托腹的输送系统，利用高频低压击晕电源对生猪进行电击晕。

◆ 性能及用途

（1）采用生猪托胸自动输送及麻电输送装置，实现了生猪麻电的连续性和有序性，提高了生产效率，为产品可追溯系统的建立提供了有效的保障。

（2）生猪托胸式输送方式，使猪腹部着力于橡胶输送块上，四腿悬空，有效的避免了对猪体的损伤。

（3）采用光电控制系统及三点麻电方式，对生猪麻电部位进行准确定位，缩短了致昏时间，减少了因猪体应激反应造成的断骨、淤血、PSE 肉等缺陷。

（4）采用自主研发的低压高频电源及 PLC 程序控制系统，实现了麻电过程（头部电流、胸部电压可调、致昏时间可控）和输送系统（运行速度可调）的自动控制。

2 / 欧式运河烫池系统

◆ 特点

（1）采用在烫毛输送机上对猪屠体进行运行式自动浸烫，节省人力，提高了工作效率。

（2）实现了猪屠体在浸烫过程中的连续性和有序性，为检验检疫的准确性和产品可追溯系统的建立提供了条件。

（3）采用了水循环系统和自动温控系统使水温均匀一致，温度更稳定节能。

（4）池壁内填充聚氨酯保温材料，池体上部上设防雾罩，避免烫池内水温的下降，减少了车间内的蒸汽。

（5）欧式运河烫池为侧卧式，短烫，猪间距为 0.6 m，提高了生产效率。

◆ 性能及用途

将吊挂在烫毛输送机上的猪屠体进行浸烫。

屠宰车间 1

屠宰车间 2

3 /连续式双级螺旋打毛机

◆ 特点

（1）采用螺旋推进运转方式，实现猪屠体在刨毛过程中的自动向前运行、自动出猪，节省人力，提高生产效率。

（2）连续有序的运行方式，保证每头猪屠体在打毛过程先进先出，不会错位，为准确检疫和产品可追溯系统的建立提供保证。

（3）刨毛机舱室内采用两根卧式软刮片滚筒，滚筒装有橡胶刨毛皮刀。

（4）滚筒皮刀错落于间隔性 U 形栅栏中，屠体进入该机后，托付于栅栏上，有效解决因屠体不动而造成打烂猪体的现象。

（5）该机上方装有水喷淋管，可在刨毛过程中对猪体进行喷淋，提高脱毛效率。

（6）该机采用电机直连减速机动力装置，避免了链条、链轮传动带来的维修故障率及润滑油的污染。

◆ 性能及用途

将浸烫好的猪只进行脱毛。

4 /卧式剥皮机

◆ 特点

对猪屠体进行整体剥皮，皮张厚度可由操作者进行操作控制，可使皮张带肉率减少。

◆ 性能及用途

用于将预剥后的猪屠体进行整体剥皮。

剥皮机现场剥皮

修整

5 /气调保鲜包装机

◆ 特点

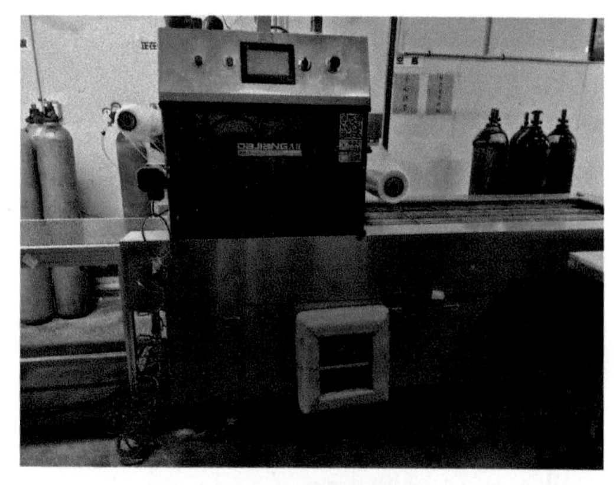

气调保鲜包装机

（1）适合保鲜食品的盒式包装，连续自动完成抽真空、充入混合保鲜气体（通常为CO_2、N_2、O_2的混配气体）、封口包装、分切，包装成品排出，人工将包装盒从模具里取出。

（2）采用欧姆龙PLC控制程序，由可编程序控制器（PLC）配合触摸屏实现人机界面对话，各部分动作及控制参数均可由PLC设定、修改。

（3）整机均采用SUS304食品级不锈钢材料及防酸铝合金制造，设备表面易清洗；符合食品卫生选用设备标准。

（4）封口压力、温度和时间等参数可以控制（0.01 s），确保产品封口理想效果。

◆ 性能及用途

主要能够让冷鲜肉的质量、色泽和口感都不会发生变化，防止肉质里面的营养流失。

6 /气体收集处理装置

◆ 特点

废气收集处理系统

（1）热回收效率可达90%，有机物净化效率在95%以上。

（2）适用的有机物浓度范围为500 mg/m^{3}以上，无二次污染物排放。

（3）稳定运行只消耗系统风机功率，同时可以副产热水或蒸汽。

（4）运行费用低，在有机废气达到一定浓度时，基本不需要再进行辅助加热，节省了能耗。

（5）不产生氮氧化物等二次污染物。

（6）全自动控制，操作方便。

◆ 性能及用途

将生产车间、待宰圈以及污水站产生的废气进行收集处理后达标排放。

7 /污水处理系统

◆ 特点

（1）污水处理站设计处理规模为 3 600 m^3/d。

（2）废水首先进入集水池均衡水质，再经过混凝反应池、气浮池进行物化处理以去除水中大量的悬浮物和油脂。

（3）混凝气浮后的废水经流量调节池均匀混合，在水解酸化池对废水和回流污泥进行水解酸化并通过好氧池回流的硝化液进行反硝化脱氮使废水中的氨氮得以去除。

（4）对好氧池采用高效微孔曝气设备对水解酸化后的废水进行充氧，以提供好氧微生物对有机物分解所需要的氧气，水中溶解氧保持 2～4 mg/L，通过溶氧仪控制风机的变频运行，以达到节能的目的。

（5）生化后废水经二沉池沉淀后经过污水标准排放口计量达标排放。

◆ 性能及用途

将生产车间各个环节产生的污水进行收集，采用防油预处理＋气浮＋厌氧＋好氧＋二沉的传统工艺处理，达标后排放到市政污水管网。

污水处理在线监测系统

污水处理站

污水处理 1

污水处理 2

生产工艺

生猪验收oprp1→静养→宰前冲淋→麻电→放血→挂猪、割尾→沥血→洗猪→卸头、头蹄检验oprp2

洗猪↓浸烫、脱毛→挂猪→燎毛→刮毛→雕圈、割尾→卸头、头蹄检验oprp2蹄

浸烫、脱毛↓猪毛去除点

卸头、头蹄检验oprp2↓预剥↓机剥→挂猪→雕圈→冲淋

卸头、头蹄检验oprp2蹄↓冲淋↓剖腹、白脏检验oprp2→药残取样→开胸、红脏检验oprp2→摘甲状腺→旋毛虫检验→智能机器人劈半

剖腹、白脏检验oprp2、开胸、红脏检验oprp2→副产品加工间

剖腹、白脏检验oprp2、开胸、红脏检验oprp2、摘甲状腺、旋毛虫检验、撕板油、腰子→对异常产品做无害化处理

智能机器人劈半↓oprp2 胴体初检（旋毛虫检验）→量膘→评级、过磅→撕板油、腰子→摘肾上腺→白条修整→割腮肉→冲淋

冲淋↓胴体复检→预冷库预冷→发货

白条、皮条工艺流程图

（1）生猪进场前进行验收，验收合格的猪进圈静养 12～24 h，静养完成后进行屠宰，宰前冲淋，清洗身上的杂物，赶猪过程采用赶猪推进系统，自动化程度高，操作方便、效率高，减少猪只伤害和应激反应。

（2）麻电采用三点式托胸自动电击晕机，效率高、运行平稳、操作简单，减少对猪只的伤害；麻电后放血，采用卧式放血机，放血完毕进行沥血，然后进入洗猪机冲洗。

（3）预剥皮和机剥分辨采用 V 形坡式预剥输送机和卧式剥皮机，自动化程度高，操作方便。

（4）浸烫、脱毛分别采用全封闭运河式烫猪池和连续式双级螺旋打毛机，自动化程度高，操作方便、效率高，减少交叉污染。

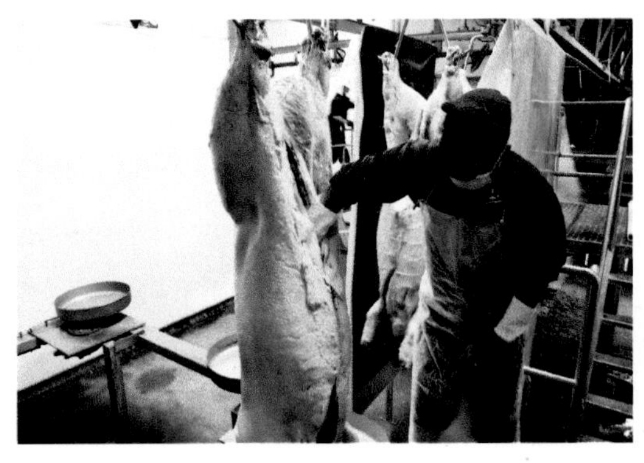

开膛取白脏

掏红脏

（5）卸头处进行同步检疫，再次进入洗猪机进行冲洗，冲洗完毕进行雕圈，继而进行开膛破腹，掏白脏、红脏，摘除甲状腺回收无害化处理。

（6）劈半处采用全自动劈半机，自动化程度高，操作方便、效率高。

（7）胴体检验，检验完毕后量膘评级，撕板油摘除肾上腺进行无害化处理，修整白条，进库进行预冷排酸，排酸完毕进行发货。

撕板油

检验检疫

去槽头岗位

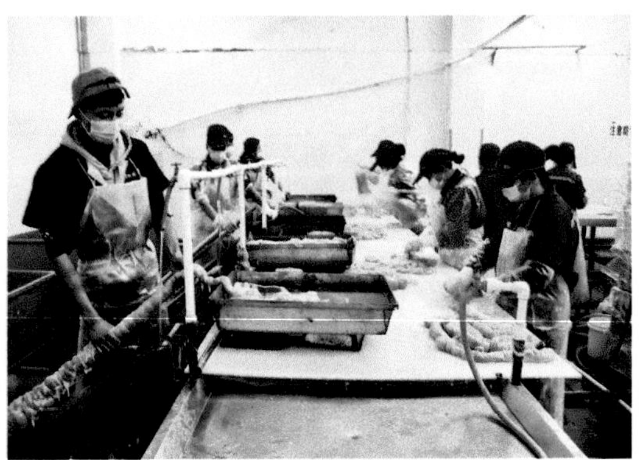

副产品加工

屠宰修割环节

分割车间

主要成效

1. 提高效率

自动化生产线和生产设备操作简单，速度快，提升生产效率，每小时可屠宰 280 头左右，大大节省了屠宰时间，机械化程度高，大大提升了工作效率，减少工人劳动强度。

2. 节约能源

自动化生产线和生产设备的投入节省人工操作，从原来每小时 180 头提升到 280 头，缩短了 2 个小时的工作时间，每天节省人工费用 2 000 元左右，水、电、气等能源得到了有效节约，每天节省 1 500 元左右，提升工作效率的同时减少了能源浪费。

3. 绿色低碳

生产工艺环保科学，减少了对环境的污染和破坏，产生的废气由专门的气体收集处理装置进行处理，达标后排放；公司配备污水处理系统，产生的废水由专门的处理设备进行处理，在线监测，达标后排放。

4. 经济效益

目前年屠宰量 20 万头，2022 年营业收入 36 309 万元，实现利润 1 717.8 万元。

厂区

青岛波尼亚工业园

公司成立养猪合作社，实行“基地 + 合作社 + 农户”的养殖收购模式，实行“六统一”，引进专业兽医团队，实现无害化科学繁育、养殖，为农民创造仔猪、饲料、收购等一条龙安全放心的养殖环境。与农民结成命运利益共同体，每年扩繁三元猪 15 万头，成功带动基地农户 5 000 户，辐射带动农户 3 万户以上，每年为每户基地农民增收近 3 000 元，带动了当地农民致富和就业。

适用区域和规模

目前该套屠宰设施适合日屠宰规模 2 700 头左右的大型屠宰厂。

第四部分

粪污处理

农业废弃物覆膜发酵生产有机肥
典型案例

（青岛康利来生物科技有限公司）

基本情况

青岛康利来生物科技有限公司（以下简称“康利来”）成立于2014年9月22日，公司业务主体由肉鸡养殖和农业废弃物处理两大板块构成，从事农业技术研究及推广服务、技术信息咨询、发展有机生态农业、畜牧养殖、生物菌肥和有机肥的生产和销售等业务。

肉鸡养殖板块包含肉鸡养殖场5个，平度市朱会杰养鸡场、平度市杰会肉鸡养殖场、平度市凯牧肉鸡养殖场、平度市盛源农牧家庭农场、青岛会杰肉鸡养殖专业合作社。养殖场总占地面积450余亩，总投资5 000万元，年出栏量近千万只。采用全封闭层叠式智能化肉鸡鸡舍，实现自动喂养、饮水、环境控制、防疫、粪污收集等智能一体化监控管理。被认定为2021年智慧农业应用基地、青岛市示范家庭农场。

农业废弃物处理板块包括康利来农业废弃物集中收集处理中心，共占地30亩，投资2 600余万元。该中心位于平度市南村镇东磨山村，为区域性农业废弃物集中收集处理的民生工程，可辐射收集周边15 km范围内养殖场产生的畜禽粪便及农户种植蔬菜产生的尾菜，统一采用密闭运输车收集，无害化发酵处理后，应用于当地及周边县市农田使用。

公司成立以来，重视农业先进技术的引进及应用，与青岛农业大学、青岛市畜牧工作站密切合作，与青岛根源生物集团结成战略合作伙伴，是青岛农业大学新农村发展研究院特色产业基地、青岛市畜牧科技推广综合实验站及示范基地。2019年被评定为青岛农业大学“新农村发展研究院特色产业基地”、青岛市畜牧工作站“畜牧科技推广综合实验站及示范基地”、青岛市智慧农业示范基地；2020年被评为青岛市级农业产业化龙头企业；2021年入选平度市现代化产业园区——生态循环农牧产业园项目之一。

主要做法

设施设备（农业废弃物处理）

该中心由三个模块组成，即前处理模块：负责固废收集、粉碎、配料、混料等功能；布料模块：负责堆料的输送、翻堆、布料等功能；发酵模块：负责堆料的升温、腐熟和水分蒸发。建设内容有：粪污、尾菜集中收集配料、搅拌一体机；槽式纳米膜自动化发酵系统；自动布、取料、覆膜一体机；槽式链板翻抛发酵系统；有机废弃物渗水厌氧发酵系统；除臭、除尘系统；并配套建成28条膜发酵槽6 800 m^3，6条室内翻抛发酵槽总容量 3 500 m³，混料地仓一处；化验、仓储、办公等配套设施；购置密闭式运输车辆、叉车、铲车等机械。项目设计年处理能力 16 万 t 农业废弃物，产出 6 万 t 优质有机肥原料。

1 / 纳米膜

◆ 特点

（1）保温性好。

（2）透气，水蒸气能够顺利穿膜而过，快速降低水分。

（3）防风防雨，保持膜内环境稳定。

（4）防止膜内臭气、灰尘、细菌外溢。

覆膜发酵

◆ 性能及用途

（1）堆肥过程中不会受到气候环境因素影响。

（2）堆肥周期短，成肥快。

（3）肥料品质高，肥效好，腐熟度高。

（4）环境污染程度较小，膜覆盖可减少堆肥过程中大量带有异味的气体排放，减少了额外的场地及除臭装置等基础设施建设。

（5）堆肥物料数量和种类适应性强，膜覆系统对于不同种类物料和不同体量的堆肥有很强的适应能力。

（6）基础建设投资小，工艺简单，操作方便。

2 / 智能膜发酵堆控制系统

◆ 特点

（1）设备具备 3～12 路温度监测，24 h 自动监测各个方位的温度数据。

（2）可以根据温度的高低，自动调整风机不同的转速，实现快速发酵。

（3）可以远程电脑 / 手机监测数据，远程操控，视频数据监控。

（4）本地化自动运行，可以根据远程设置好的逻辑自动运行，逻辑程序可远程修改。

（5）数据化平台可导出需要的数据，以及大屏数据化展示。

（6）个性化定制开发，可以根据现场需求设计开发外观以及功能。

（7）4G、Wi-Fi、NB、LORA 等多种传输方式可选。

◆ 性能及用途

（1）智能监测系统。在生产线多达百余处设置了水分、空气温度、空气湿度、发酵堆温度、含水量、CO_2 检测体系等，完全实现了生产过程关键参数的实时监测，为智能实时调控提供了可能。

（2）实时图像监控系统。在全场设置了完整的图像监控系统，并充分利用互联网技术，将相关信息及时传递给信息处理端和相关管理人员及专家。

（3）信息处理与决策系统。监测信息和图像数据传输到计算机，通过专门软件对相关信息进行合理计算和分析，会做出警报和提醒，或提供可行性操作建议，并在一定范围内做出合理工艺参数自动调整，此外，在管理者移动设备端也同样安装了生产线主要设备调控 App，管理者不仅能看到实时的生产线图像和监测数据，在线了解生产线状况。同时可以通过 App 对工艺配料、布料、发酵、覆盖等主要操作进行远程操控，可以保证生产过程的智慧化、自动化、精准化管理。

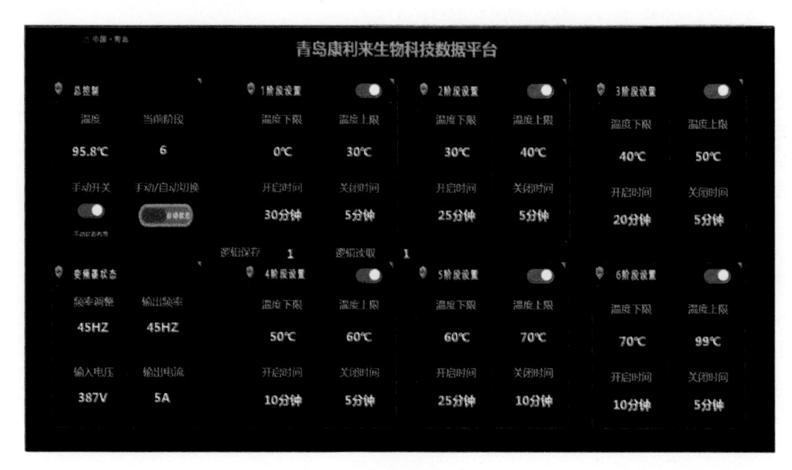

环境监控

3 /盖膜、收膜、布料、取料一体机

◆ 特点

一体机是集成布料设备、取料设备、盖膜卷膜多位一体的设备，具有占地面积小、运行成本低等优势。

覆膜发酵槽

◆ 性能及用途

（1）将混合后的发酵料均匀分布到相应膜发酵槽内，实现自动布料。

（2）布料取料一体机的下方装有自动收覆膜机，发酵槽装满发酵料后自动覆膜到槽体上方，用压膜件人工将膜压紧，当发酵完成后，松开压膜件，自动收覆膜机将膜卷起，布料取料一体机上的斗提取料机将发酵料从发酵槽内取出。

（3）主进出料皮带机及卸料皮带车，混合后的发酵物料由混合料提升皮带机输送至本装置，本装置的移动卸料皮带车跟随布料取料机纵向移动，实现在长度方向上任意位置卸料至布料取料。

（4）布料取料机横跨在28个膜覆盖发酵槽上，纵向行走机构满足布料长度要求，横向穿梭皮带机在纵向行走机构上的轨道上左右穿梭行走并双向卸料，实现各个发酵槽布料工作，很大程度上减少人力和物力的投入。

（5）当发酵完成后将布料取料机运行至需要出料的发酵槽，斗式提升机在纵、横向行走机构的运送下将整个发酵槽内物料提起并经螺旋输送至横向穿梭皮带机（固定运行），然后落入主进出料皮带机送入陈化车间。

翻抛堆肥

生产工艺

（1）配混料工段。新鲜畜禽粪便直接投入定制的液压给料斗中，全程粪便不落地，减少了环境污染，避免了粪便堆积后内部厌氧产生刺鼻的恶臭气味。尾菜直接加入定制的尾菜给料仓中，给料仓出料端配备旋转刀片，通过旋转刀片的旋转可以将蔬菜基地收来的尾菜切断便于好氧发酵，也起到均匀下料的作用。新鲜粪便和尾菜的含水量通常在 85% 以上，通过添加辅料（如干秸秆、干花生壳等这种含碳量高的）将原料水分调整到 60% 左右。高温发酵菌剂通过专用的菌剂定量给料机给料。以上的四种物料通过集成电控箱控制每种给料设备按照一定的比例均匀投入到搅拌机中，搅拌均匀（原料均匀、水分均匀）后自动配料系统完成工作。

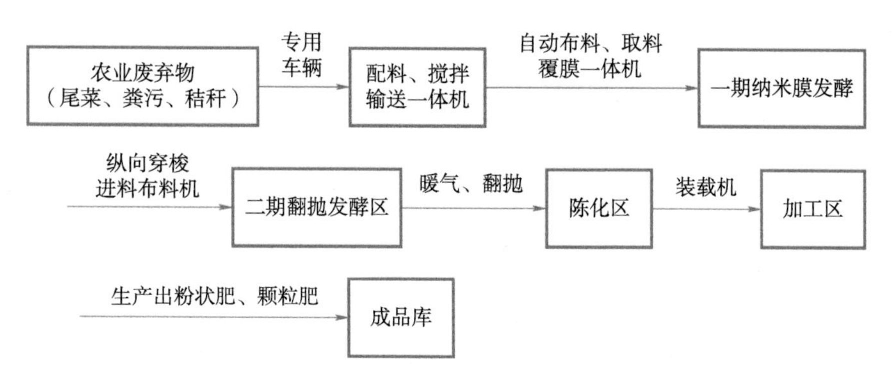

（2）膜覆盖发酵工段。主进出料皮带机装有卸料车，可以在皮带机长度方向上任意位置卸料至布料取料一体机的布料皮带上。布料皮带机左右穿梭运行，将混合后的发酵料均匀分布到相应膜发酵槽内，实现自动布料。覆膜后的发酵原料随着添加的微生物繁殖，发酵温度也随之不断升高，此时需要往发酵原料充入大量的氧气满足微生物工作需求。自动曝气系统根据不同发酵阶段需氧量自动控制曝气时间和时长，能根据堆体温度自动控制风机开启，能根据堆体不同阶段透气性自动调整曝气风量。经过 15～20 d 的高温发酵（发酵温度一般控制在 65～70℃），原料中的杂草种子、杂菌、蛔虫卵等有害物质被灭活。发酵完成后，松开压膜件，自动收覆膜机将膜卷起，布料取料一体机上的斗提取料机将发酵料从发酵槽内取出，通过布料皮带机输送至主进出料皮带机，进而送出膜覆盖发酵区，再由膜发酵出料提升皮带机送入陈化腐熟区，实现自动出料功能。

（3）有机肥加工工段。充分陈化腐熟的有机原料由陈化车间用铲车运输至有机肥加工车间，加入带式定量给料机，带式定量给料机将发酵物料均匀喂入卧式双链破碎机。经破碎使腐熟透的物料和未腐熟的秸秆颗粒分离后，由筛分上料皮带机输送至滚筒筛分机，筛下粉状物料作为有机肥田间使用，筛上物经返料皮带送入配混料车间，作为返料掺入新秸秆颗粒中。

主要成效

1. 提高效率

引进国内先进膜发酵设备、翻抛机、上料系统、肥料生产线等24台设备，建设农业废弃物集中收集处理中心，年处理养殖粪污、蔬菜尾菜、秸秆等废弃物量可达20万t，经处理后资源化利用生产有机肥10万t，智能化和机械化程度高，节省了大量人工，降低了运营成本。

2. 绿色低碳

采用“鸡—肥—粮果蔬”的种养循环模式，将养殖产生的鸡粪和种植产生的尾菜、秸秆等农业废弃物进行无害化处理、资源化利用，加工生产出高效有机肥，用于周边土地及基地内粮、果蔬的种植，在减少化肥使用的同时，产出优质肉蛋、小麦、玉米、水果与蔬菜等无公害农产品，直接供给商超和社区等中高端消费市场，形成了集种植、养殖、废弃物处理、农产品加工推广于一体的生态型循环农业。

3. 节约资源

通过对大量周边村镇尾菜、畜禽粪便等废弃物的集中处理，变废为宝，低成本生产出高品质有机肥，改善农田土壤有机质，减少农田化肥使用量，提高农作物的产量和品质。

4. 经济效益

公司农业废弃物集中收集处理中心，可辐射收集周边15 km范围内养殖场产生的畜禽粪便及农户种植蔬菜产生的尾菜，每年为周边村镇处理蔬菜尾菜、畜禽粪便、秸秆等农业废弃物可达12万t，其中畜禽粪便6万t、尾菜4万t、花生壳和其他秸秆2万t。

示范作用

公司通过引导就业，同等条件下优先录用全镇贫困人员，解决就业 50 多人，带动贫困户增收。与青岛农业大学科技扶贫工作队签订协议，在平度市南村镇和白沙河街道的 12 个村 1 000 余户试点推广施用有机菌肥，提升蔬菜的外观、口感及销售价格。同时减少化肥使用量 70% 左右，降低农户种植成本，节约农民开支，带动农村经济发展。

青岛康利来生物科技有限公司

适用区域和规模

该模式适合在全国范围内推广。

青岛汇合牧业养殖场